膜世界中物质场的局域化及黑洞的热力学性质

杜云芝　著

中国原子能出版社

图书在版编目（CIP）数据

膜世界中物质场的局域化及黑洞的热力学性质 / 杜
云芝著. -- 北京 : 中国原子能出版社, 2024. 7.
ISBN 978-7-5221-3528-1

Ⅰ. P145.8

中国国家版本馆 CIP 数据核字第 2024KC7164 号

膜世界中物质场的局域化及黑洞的热力学性质

出版发行	中国原子能出版社（北京市海淀区阜成路 43 号　100048）	
责任编辑	王　蕾	
责任印制	赵　明	
印　　刷	河北宝昌佳彩印刷有限公司	
经　　销	全国新华书店	
开　　本	787 mm×1092 mm　1/16	
印　　张	15.375	
字　　数	229 千字	
版　　次	2024 年 7 月第 1 版　2024 年 7 月第 1 次印刷	
书　　号	ISBN 978-7-5221-3528-1　　　　定　价　86.00 元	

前　言

　　纵观整个物理学的发展，人们正试图寻找一种终极理论，希望由它能够描述四维低能有效理论中所有的基本粒子及相互作用，这种理论被称为统一理论。毫无疑问，四种相互作用的统一之路是艰辛而又漫长的。人们在逐步的探索中提出了许多新的观点和方法，也发现了很多新物理现象。其中弱电统一理论是比较成功的统一理论。之后更多的物理学家在统一路上进行了更深入的探索和研究。而一种新的时空维数观点——额外的空间维度——也被提了出来。1998 年 Arkani-Hamed、Dimopoulos 和 Dvali（ADD）提出了大额外维膜世界模型。该理论认为额外维的尺度可以达到亚毫米甚至微米量级，而在这样"大"的尺度下牛顿引力势会存在明显的修正，当前实验上已排除了亚毫米量级的可能。1999 年 Randall 和 Sundrum 提出了卷曲膜世界模型（RS）。该理论的研究初衷是解决物理学中的一些难题，如规范层次问题及宇宙学常数问题等。ADD 和 RS 膜世界模型都可以作为解决规范层次问题的候选理论模型，从而促使相关理论具有非常重要的研究意义。膜世界理论的基本图像是我们所感知到的四维世界是高维时空中的一张超曲面（又称为膜），标准模型中的各种物质场（粒子）都被束缚在膜上，而引力可以在整个时空（bulk）中传播。可以通过额外维尺度在实验上的一些效应来检验膜世界理论的正确性。ADD 和 RS 模型中膜的能量密度沿额外维方向的分布是一个 delta 函数，这是数学上的一种理想化处理方式，它们都是简单的薄膜模

1

型。随后人们考虑更为现实的膜世界模型，即通过标量场来构造的厚膜模型，膜的能量密度沿额外维方向具有一定的分布。膜世界理论中的一个非常重要的课题就是引力及各种物质场在膜上的局域化机制。此外，暗物质问题已成为当前物理学的前沿课题之一，而在超对称理论中引力微子场是引力子的超对称费米型伴随粒子，被认为是暗物质的候选者之一。总而言之，额外维理论中高维时空思想对现代基础物理的发展产生了深远影响，也为现代实验物理指明了方向：粒子加速器实验，宇宙学和天文观测，等等。而膜世界和额外维理论还将进一步发展，必会不断取得惊人的成果。

作为现代物理学的两大支柱，相对论由爱因斯坦经过多年思考和总结而提出，描述了另一个不同于经典物理世界的时空观。在广义相对论的研究中，有提出广义质量与惯性质量是一致的观点，有重新给出行星做圆周运动的根本原因，也有物质为什么运动及如何运动的重新解释。而黑洞作为其重要产物之一，它是近几十年来人们对引力本质认识的重要进展和标志，同时它的产生伴随着多种效应，例如拖曳效应、自发辐射、超辐射等。在最初认识黑洞的时候，因为黑洞的引力之强，所以认为只吸收而不辐射物质，故黑洞是"黑"的，而在 20 世纪中期，以 W.Israel 和 B.Carter 为代表的科学家们发现，任何一个黑洞的性质都可以由其质量、角动量和所携带的电荷这三个物理量来决定。因为在引力坍缩过程中，描述其他性质的物理量便丢失了。后来，根据黑洞吸收一切物质的理论，物理学家惠勒就提出，当物体被黑洞吸收后，之前物体的熵便不复存在了，即整个系统的熵变成了零。这便与热力学第二定律相违背。后来，贝肯斯坦继续研究，提出了黑洞应该具有与其视界面积成正比的熵。但是，这一系数当时贝肯斯坦还未解决，直到 1974 年霍金提出了黑洞的霍金辐射并且把黑洞的熵与热力学统一起来，这才形成了黑洞热力学第二定律。霍金认为，黑洞并不全是黑的，它在以热辐射的形式向外辐射物质，并强调黑洞表面的重力加速度会影响黑洞的辐射温度。而霍金的霍金辐射理论问世后，其物理意义是显然的，它使人们发现量子力学，相对论和热力学便因黑洞热力学联系在一起，达到统一一致。

　　本书的写作主要分为六章，分别探讨膜世界中引力微子场和规范场的局域化，以及不同时空背景下黑洞的相关热力学性质。首先回顾了额外维理论及膜世界理论的发展历程；研究了五维有质量的引力微子场在额外维具有 S^1/Z_2 拓扑缺陷的薄膜模型（RS 和标量张量膜世界模型）中的局域化性质；通过引入一种特殊耦合形式来研究 KR 场在对称和非对称厚膜模型中的 KK 模式；随后从认识狭义相对论到广义相对论基础，再到黑洞的研究，对于扩展相空间和限制相空间中 AdS 黑洞的热力学性质及拓扑结构进行了讨论，主要是针对 EPYM AdS 黑洞、HL AdS 黑洞和 GB AdS 黑洞这三种黑洞；对于 dS 黑洞，主要研究 RN-dS 黑洞和带有非线性电荷源的 dS 黑洞的热力学性质。

目　　录

第1章　额外维与膜世界理论简介

宇宙有着说不尽的秘密，而额外的时空维度很可能就是其中之一。现今所观测到的宇宙是由三个空间维度和一个时间维度来共同描述的，因而便认为宇宙具有四个维度，然而事实又是怎样的呢？关于时空维度认知的错误信息源于婴儿时代，婴儿床首先引领我们进入一个三维空间。当在婴儿床爬行时，是在一个二维平面上；当能够直立行走时，又多了垂直的另一个空间维度。故而物理定律就被加强了三维空间一维时间的信念，排斥着任何可能会有更多维度的设想。

然而真实的时空维度可能与我们想象的大相径庭。100 多年前，爱因斯坦就提出了广义相对论（GR，引力理论），成功地弥补了牛顿引力理论的不足，而这个理论本身对时空的维数没有任何限制。在广义相对论中，引力场是度规空间的基本几何场，而麦克斯韦电磁理论却与时空几何没有关系。在此期间，也有许多物理学家都尝试着用同一种几何学来描述广义相对论与电磁理论。而这种几何学除了度规张量外，还可以容纳其他的几何因素。随后波兰的一位数学家 Theodor Kaluza 建立了这种统一的几何学，其思想是通过改变时空维数来增加度规张量的分量数目[1]。首先，他假设存在第五个空间维度，并认为该维度是一个全新的看不着的维度，且没有直接的物理意义。其次为了说明物理世界的四维性质，Kaluza 又假定通过选取适当的坐标系使得度规的四维分量和第五维坐标无关。然而对于为什么第五个空间维度无法看见他没有给出解释。随后瑞典的一位数学家 Oscar Klein 于 1926 年做了进一步的推论：假设第五个空间维度构成闭拓扑结构，即紧致化条件，且五维的流形如图 1-1 所示。该维度之所以看不见是因为它卷曲形成了一个很小的圆圈，其半径为普朗克尺度。这样就形成了将引力相互作用和电磁相互作用统一起来的五维 Kaluza-Klein（KK）理论[1,2]。尽管目前没有任何实验数据表明我们的宇宙是五维的或者更高维的，但是 KK 理论将规范场纳入了在数学上十分雅致与优美的度规形式中。这使得人们对该理论进行了广泛而深入的研究，并为诸如超引力理论和超弦理论等高维宇宙学理论的进一步发展打下了坚实的基础。

1.1 紧致的额外维——KK 理论

接下来以五维的 Kaluza-Klein（KK）理论[1,2]（图 1-1）为例来了解一下该理论的内容。五维时空线元为

$$ds^2 = g_{MN} dx^M dx_N \tag{1-1}$$

其中 g_{MN} 是五维时空中的一个 5+5 的对称度规张量。约定大写字母 M、$N+0$、1、2、3、5 代表整个时空指标，μ、$\nu+0$、1、2、3 代表四维时空指标。该理论中度规张量形式如下[1]

$$g_{MN} = \begin{pmatrix} g_{\mu\nu} - k^2\varphi^2 A_\mu A_\nu & -k^2\varphi^2 A_\mu \\ -k^2\varphi^2 A_\nu & -\varphi^2 \end{pmatrix} \tag{1-2}$$

这里 $g_{\mu\nu}$ 代表四维时空度规，φ 为 Kaluza-Klein 标量场，A_μ，A_ν 为电磁规范场，k 是具有长度量纲的常数。

下面将从另外一个角度理解 KK 理论，

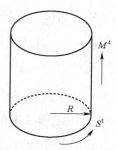

图 1-1　5D KK 理论的时空流行

而非从作用量出发。与广义相对论类似，也可以构造五维 Ricci 张量 R_{MN}，标曲率 R 和五维 Einstein 张量 G_{MN}，依照逻辑期望其场方程为 $G_{MN}=KT_{MN}$，K 为一个具有合适量纲的耦合常数，T_{MN} 为一个五维能动张量。由真空状态 $T_{MN}=0$ 得到真空场方程

$$R_{MN}=0 \tag{1-3}$$

由此，形式上这十五个方程可以唯一决定度规张量的十五个分量。但由于 Bianchi 恒等式的存在，如果没有关于度规张量 g_{MN} 的某些特定假设，这实际上是不可能的。

考虑度规形式（1-2），场方程（1-3）可以简化为

$$G_{\mu\nu}=\frac{k^2\varphi^2}{2}T_{\mu\nu}-\frac{1}{\varphi}(\nabla_\mu\nabla_\nu\varphi - \triangleleft g_{\mu\nu}) \tag{1-4}$$

$$\nabla^\mu T_{\mu\nu}=-\frac{3\nabla^\mu\varphi}{\varphi}F_{\mu\nu} \tag{1-5}$$

$$\blacksquare S_{\text{BH}}=-\text{d}E/T_{\text{H}} \tag{1-6}$$

这里 $F_{\mu\nu}$ 为四维时空中的 Faraday 张量，$\blacksquare$ 是波算子。为了减少度规张量的一个分量，Kaluza 假定在场变量不依赖于第五维坐标的参考系中，度规张量的两个指标为 5 的分量是恒值。因而令 $g_{55}=-\varphi^2=-1$，$k=\sqrt{16\pi G/c^4}$，则可将上述三个方程写为

$$G_{\mu\nu}=\frac{8\pi G}{c^4}T_{\mu\nu}, \nabla^\mu F_{\mu\nu}=0 \tag{1-7}$$

这两个方程即分别为五维真空中导出的四维平直时空的 Einstein 方程和 Maxwell 方程。

简而言之，KK 理论实际上是一个关于引力、电磁力和标量场的统一理论。虽然它不能导出新的场方程，也不能解决理论物理学中尚未解决的任何问题，但是它为统一引力和电磁场的新理论提供了新的途径。尽管这一理论遇到了许多困难，并未取得成功，但把某些物理理

论从四维时空推广到高维时空以得到有用的物理结论的思想是具有启发性的。这也促使另一个基于 KK 理论而建立起来的新领域——膜世界理论的发展。

1.2　薄膜膜世界模型

早期的膜世界模型都是薄膜模型，即膜的能量密度一般用 δ 函数来描述。最具有代表性的薄膜模型是 ADD[3,4]模型和 RS[5,6]模型，它们都是基于 Einstein 引力框架下的理论。在修改引力（标量张量引力）理论框架下提出的标量张量膜世界模型也是一种薄膜模型，下面我们将着重地回顾一下这三种薄膜模型。

1.2.1　大额外维理论——ADD 模型

1998 年，Arkani-Hamed，Dimopoulos 和 Dvali 将 KK 理论推广从而提出了大额外维膜世界模型[3,4]，又称为 ADD 膜世界理论。该理论中的额外空间维度可以"很大"，它的一个主要动机就是解决层次问题，即引力对应的 Planck 能标 10^{16} TeV 与基本粒子物理对应的弱电能标 1 TeV 之间存在的巨大差异。通常认为引力在 Planck 能标下会与其他规范力一样强，且将 Planck 能标作为基本能标，因为与 1 cm 量级上的牛顿引力相比，Planck 量级上的引力会提高 33 个数量级[3]，而这也恰好是弱电统一时的量级。ADD 理论有如下特点：① 时空流形为 $R^4 + S_n$，包含 n 个紧致的额外维，且每个额外维的半径为 R，额外维的体积正比于 R^n；② 标准模型中的场都被束缚在四维膜上，而引力可以在整个时空（bulk）中传播；③ 整个时空中膜是平直的，即：bulk 中和膜上的宇宙学常数均为零；④ 引力能标和标准模型的能标约为几个 TeV，故而解决层次问题。ADD

理论是在 KK 理论的基础上引入膜，并且通过假设大尺度的额外维来解决层次问题，而这实际上并没有真正意义上地解决层次问题，而是将其转移到了为什么额外维如此大的问题上了。

1.2.2　卷曲膜世界——RS 模型

Randll 和 Sundrum 于 1999 年分别提出了能够解决规范层次问题[6]及在膜上实现牛顿引力势[5]的新理论（RS 膜世界模型），它包括 RS1 和 RS2 模型。RS 模型考虑了膜自身的张力，因此必须考虑膜对于背景时空的影响，从而导致了膜之外的时空是弯曲的，由度规中的卷曲因子来体现。RS 模型的成功之处在于通过卷曲因子的几何弯曲完美地解释了规范层次问题，而对额外维的大小没有任何限制。该模型假设存在一个额外的空间维度，其拓扑为 S^1/Z_2，且存在两个固定点，分别位于 $y=0$ 和 $y=\pi R=L$ 处，并且考虑了五维时空中的宇宙学常数 Λ（不像四维宇宙学常数那样要求为零或者很小）。作用量为[5,6]

$$S_{RS} = S_H + S_M = \int \mathrm{d}^4 x \int_{-L}^{L} \mathrm{d}y \sqrt{-g}\,(M^3 R - \Lambda) \tag{1-8}$$

其中 M 为五维基本能标，R 为五维标曲率。假设度规为

$$\mathrm{d}s^2 = \mathrm{e}^{-2A}\eta_{\mu\nu}\mathrm{d}x^{\mu}\mathrm{d}x^{\nu} + \mathrm{d}y^2 \tag{1-9}$$

其中 $\eta_{\mu\nu} = \mathrm{diag}(-1,1,1,1)$ 为四维平直时空的度规，e^{-2A} 称为卷曲因子。

五维 Einstein 方程为

$$G_{MN} = R_{MN} - \frac{1}{2}g_{MN}R = \kappa^2 T_{MN} \tag{1-10}$$

五维牛顿常数为 $\kappa^2 = \dfrac{1}{2M^3}$，$T_{MN} = \dfrac{-2}{\sqrt{-g}}\dfrac{\delta S_M}{\delta g^{MN}}$ 是能动张量。因此，作

用量中的宇宙学常数项 $\sqrt{-g}\Lambda$ 相当于能动张量为 $\sqrt{-g}\Lambda$ 的物质项。考虑度规形式（1-9），则有

$$G_{55} = 6A'^2 = \frac{-\Lambda}{2M^3} \tag{1-11}$$

这里需要注意，若存在函数 A 的实数解，则五维宇宙学常数必须为负，这也意味着两张膜之间的时空是 AdS_5。定义 $k^2 = \dfrac{-\Lambda}{12M^3}$，则解方程可得卷曲因子的形式为

$$A = \pm ky \tag{1-12}$$

又由于 Z_2 对称性的存在，所以卷曲因子的解为

$$A = k|y| \tag{1-13}$$

故而，RS 模型中的度规为

$$\mathrm{d}s^2 = \mathrm{e}^{-2k|y|}\eta_{\mu\nu}\mathrm{d}x^\mu\mathrm{d}x^\nu + \mathrm{d}y^2 \tag{1-14}$$

且 $-L \leqslant y \leqslant L$. 对于 Einstein 方程的（μν）分量，有

$$G_{\mu\nu} = (6A'^2 - 3A'')\, g_{\mu\nu} \tag{1-15}$$

将卷曲因子的具体形式代入上式中，有

$$G_{\mu\nu} = 6k^2 g_{\mu\nu} - 6k(\delta(y) - \delta(y-L))g_{\mu\nu} \tag{1-16}$$

其中第一项为能动张量的（μν）分量与五维牛顿常数的乘积。第二项就需要考虑膜自身的能量密度，称之为膜张力。即通过在作用量中加入两张膜的膜张力，分别为 λ_1 和 λ_2

$$S_1 = -\int \mathrm{d}^4 x \sqrt{-g_1}\lambda_1 = -\int \mathrm{d}^4 x \mathrm{d}y \sqrt{-g}\lambda_1\delta(y) \tag{1-17}$$

$$S_2 = -\int \mathrm{d}^4 x \sqrt{-g_2}\lambda_2 = -\int \mathrm{d}^4 x \mathrm{d}y \sqrt{-g}\lambda_2\delta(y-L) \tag{1-18}$$

度规 g_1、g_2 分别为膜上的诱导度规。为了匹配 Einstein 方程，则要求

$$\lambda_1 = -\lambda_2 = 12kM^3 \tag{1-19}$$

由此可以看出四维宇宙是静态平坦的。

若该理论中所有的参数都是普朗克能标的量级，而指数衰减的因子产生了引力能标和弱电能标之间的巨大差异，即 RS 模型提供了解决规范层次问题的途径。然而，RS 模型中仍然存在问题：膜间距如何确定。针对此问题，作者在文章［7-11］中提出了一种新的机制－GW 机制，其思想是通过在 RS1 模型中引入一个 dilaton 场，并考虑其相应的标量势函数，从而固定膜间距。

GW 机制给出了一种固定额外维尺度的动力学方法，并且赋予了 dilaton 场较大的质量，从而避免 RS1 模型在低能情形下违背等效原理。然而当将 TeV 膜移到无穷远处，把我们的世界转移到 Planck 膜上，此时 dilaton 场与膜上的物质场自动脱耦，则可避免这些问题。而将 RS1 模型中的另外一张膜移到无穷远处的膜世界模型，即为 RS2 模型[5]。该模型中，可以实现膜上的牛顿引力势，这里不再作介绍，具体细节参考文章［5］。此外，当考虑 RS1 模型中的宇宙学问题时，发现束缚在负张力膜上的宇宙将会导致一个"符号错误"的类 Friedmann 方程；而四维的膨胀宇宙在正张力膜上可以得到恢复[12-14]。接下来介绍标量张量膜世界模型。

1.2.3　标量－张量模型

标量张量膜世界模型是在修改引力理论（标量张量引力理论[15]）框架下提出来的一种薄膜膜世界模型。考虑五维时空中的引力与伸缩子场之间存在非最小耦合，其作用量为

$$S_5 = \frac{M_5^3}{2} \int \mathrm{d}^5 x \sqrt{-g}\, \mathrm{e}^{\lambda\varphi} [R - (3 + 4\lambda)\partial_M \varphi \partial^M \varphi] \tag{1-20}$$

其中 M_5 和场分别为五维时空中的引力能标和标量场，λ 为耦合系数。这里需要指出，由于标量张量理论与 Weyl 几何之间存在紧密的联系，

所以作用量（1-20）可由一个简单的 Weyl 作用 $S_5^W = \dfrac{M_*^3}{2}\int \mathrm{d}^5 x\sqrt{|g|}\mathrm{e}^{\lambda\varphi}\Re$ 导出。其中标曲率是由黎曼联络构造的。故而该模型中的标量场可以被看作一个几何场，仅供构建膜的"材料"，并且不与物质场耦合。假设时空线元为

$$\mathrm{d}s^2 = a^2(z)(\eta_{\mu\nu}\mathrm{d}x^\mu \mathrm{d}x^\nu + \mathrm{d}z^2) \tag{1-21}$$

共形坐标 $z \in [-z_b, z_b]$ 代表具有轨形对称性 S^1/Z_2 的额外维，且与物理坐标之间的关系为 $\mathrm{d}y = a(z)\mathrm{d}z$. 这里考虑标量场仅仅是额外维坐标的函数。由作用量变分可得如下场方程组

$$\lambda\varphi'' + (\lambda^2 + 2\lambda + 3/2)\varphi'^2 + \frac{2\lambda a'\varphi'}{a} + \frac{3a''}{a} = 0 \tag{1-22}$$

$$\left(\varphi' - \frac{2a'}{a}\right)\left[(4\lambda+3)\varphi' + \frac{3a'}{a}\right] = 0 \tag{1-23}$$

$$(4\lambda+3)\varphi'' + \left(2\lambda^2 + \frac{3\lambda}{2}\right)\varphi'^2 + 3(4\lambda+3)\frac{\lambda a'\varphi'}{a} - 2\lambda\left[\frac{2a''}{a} + \frac{a'^2}{a^2}\right] = 0 \tag{1-24}$$

其中"'"表示对额外维坐标的导数。由方程（1-23）可得

$$\frac{a'}{a} = \frac{\varphi'}{2} \quad \text{或} \quad \frac{a'}{a} = -\frac{(4\lambda+3)\varphi'}{6} \tag{1-25}$$

当 $\lambda = -3/2$，上述两方程等价。卷曲因子与标量场之间存在唯一的限制条件 $\varphi = 2\ln a$，因此膜构型不可能被完全唯一地确定下来。这里只需考虑 $\lambda \neq -3/2$ 的情况即可。而对于 $\lambda = -3/4$，第二个方程的解为常数解，对此平庸解不予考虑。将上述两个方程代入（1-22）和（1-24）中，有两种情况：

情况 I 背景解满足下列方程

$$\varphi' = \frac{2a'}{a}, \quad \frac{a''}{a} = -(2\lambda+2)\frac{a'^2}{a^2} \tag{1-26}$$

为了保证 $z_b \to \infty$，类光信号从 z_b 传到 $z = 0$ 处所需无穷长的时间，故而解的形式选取如下

$$a = \left(1 + \beta|z|\right)^{\frac{1}{3+2\lambda}}, \quad \varphi = \frac{2}{3+2\lambda}\ln\left(1+\beta|z|\right) \qquad （1\text{-}27）$$

其中参数满足 $\lambda < -3/2, \beta > 0$。将与标量场相关的所有项都移到 Einstein 方程的右边，来定义有效的能动张量。该解在两个边界处不光滑，因此 Einstein 张量和能动张量中都将存在 δ 函数，并且恰好能相互抵消。其中有效能动张量中的 δ 函数表示膜是薄膜，膜的构型可由与静态观测者相关的有效能量密度看出，由此可以看出，两张薄膜分别位于边界处：$z = 0$ 和 $z = z_b$。

情况 II　背景解满足下列方程

$$\varphi'' = -\left(\frac{3}{2}+\lambda\right)\varphi'^2 \qquad (\lambda \neq -3/2 \text{ 且 } \lambda \neq -3/4)$$

$$\frac{a'}{a} = -\frac{(4\lambda+3)\varphi'}{6} \qquad （1\text{-}28）$$

解的形式为

$$a = \left(1 + \beta|z|\right)^{\frac{3+4\lambda}{3(3+2\lambda)}}$$

$$\varphi = -\frac{2}{3+2\lambda}\ln\left(1+\beta|z|\right) \qquad （1\text{-}29）$$

参数满足 $-3/2 < \lambda < -3/4, \beta > 0$。在额外维坐标原点处存在一张正张力膜，而在边界 z_b 处存在另外一张膜——负张力膜。这两种解的膜结构与 RS1 模型相似，然而却与 RS1 模型截然不同，这两种解所对应的无质量引力子的局域化性质和各种 bulk 中的物质场局域化性质均不一样[15-17]。下面我们介绍关于厚膜模型的具体情况。

1.3 厚膜膜世界模型

与前面所介绍的薄膜理论不同，厚膜理论认为膜具有一定的厚度。事实上，以 Rubakov 为代表的一些理论物理学家在 20 世纪 80 年代就提出了一种畴壁（Domain Wall）模型[18]，这也是厚膜模型的雏形，其中畴壁代表的是一种拓扑缺陷。该理论考虑的是在五维闵氏时空中引入一个标量场，产生一个 Domain Wall，从而致使一些物质场能被束缚在其上。由于该理论只是考虑了平直时空的情况，故而不能得到有效的四维牛顿引力势。当考虑引力效应后，厚膜世界理论才得以发展起来[19-37]。本小节中，将介绍厚膜世界模型的构造原理以及厚膜模型中的一些问题。

考虑五维时空中的一个标量场，它与引力之间存在最小耦合，作用量为[20]

$$S = \int d^4 x dz \sqrt{-g}(R - 2\Lambda_5 + L_\varphi) \tag{1-30}$$

Λ_5 为五维宇宙学常数。背景标量场的作用量为

$$L_\varphi = -\frac{1}{2} g^{MN} \partial_M \varphi \partial_N \varphi - V(\varphi) \tag{1-31}$$

其中 $V(\varphi)$ 是标量场势函数。以最简单的平直膜为例，考虑五维时空线元（1-21），并对上述作用量进行变分，可得 Einstein 方程和标量场方程

$$\varphi'^2 = 3(A'^2(z) - A''(z)) \tag{1-32}$$

$$V(\varphi) = \frac{3}{2} e^{-2A(z)}(-3A'^2(z) - A''(z)) \tag{1-33}$$

$$\frac{\mathrm{d}V(\varphi)}{\varphi} = \mathrm{e}^{-2A(z)}(3A'(z)\varphi'(z) + \varphi''(z))\qquad（1\text{-}34）$$

其中上述三个方程都是非线性的，而且仅有两个方程是独立的，故而膜世界解不唯一，从而导致了厚膜世界解的多样性。

目前解析求解非线性方程组的方法有：① 超势方法[30]，将二阶方程转化为一阶，其实该方法是源于超引力理论的[21,22,30]，而标量势函数由超势决定；② 对于一些特殊的标量势函数，如文章［22］中给出的 $V(\varphi) \sim \sin^2(c\varphi)$，其中 c 为参数，以及 Sine-Gordon 势[38,39] $V(\varphi) \sim \cos(c\varphi)$ 等等；③ 不管标量势函数的具体形式，直接给出卷曲因子的解，然后得到标量场的解，或者给出标量场的形式求解卷曲因子，只要保证 Einstein 方程和标量场方程均成立即可。这种方法虽然方便，但是一般情况下是给不出标量势函数关于标量场的具体表达式，而只得到标量势函数关于额外维坐标的函数形式[40]。

对于上述方程组可以解析求解也可以数值求解。如果运用超势方法来求解时，则需要引入一个关于标量场的超势函数 $W(\varphi)$，并定义 $\varphi = \dfrac{\partial W(\varphi)}{\partial \varphi}$。由此可将上述二阶方程组转化为一阶方程组[21]

$$A' = W(\varphi), \ V = \frac{1}{2}\left(\frac{4}{3}W^2 - \left[\frac{\mathrm{d}W}{\mathrm{d}\varphi}\right]^2\right)\qquad（1\text{-}35）$$

只要确定超势函数的具体形式，则就可以得到该厚膜世界解。对于多标量场产生的厚膜模型也可以用此方法求解。一般地，解得的标量场是 kink 型的，其场构型如图 1-2 所示。厚膜模型中的卷曲因子与薄膜模型中的不同，即额外维坐标原点处其导数没有跳跃，通常是一个光滑函数。卷曲因子的具体图像如图 1-3 所示。这里需要指出，薄膜模型往往可以被认为是相同时空背景下厚膜模型的极限情况，例如 RS1 模型就可

以认为是很多渐近 AdS_5 时空中的厚膜模型在膜的厚度趋于零时的极限，他们之间存在很多相同的性质。当然，相比于薄膜模型，厚膜模型中膜的结构更加复杂，因而会有非常丰富的内容和性质，在物理上是更为现实的模型。

此外，文章［41］中作者对厚膜模型解进行了详尽的阐述。总体上，厚膜解按照时间的相关性可以分为两大类：① 静态解；② 与时间有关的解。其中静态解又分为拓扑平庸解和拓扑非平庸解。本书中，研究的厚膜模型都是拓扑非平庸厚膜解。

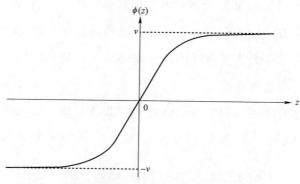

图 1-2 五维时空中厚膜模型的标量场 kink 解[19,20]

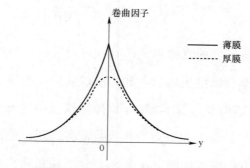

图 1-3 五维时空中厚膜模型与薄膜模型中的卷曲因子
沿额外维坐标 y 的分布图

参考文献

[1]　KALUZA T. On the problem of unity in physics [J]. Sitzungsber. Preuss. Akad. Wiss. Berlin (Math. Phys.K), 1921(1): 966.

[2]　KLEIN O. Quantum theory and five dimensional theory of relativity [J]. Zeitschrift Fur Physics, 1926, 37: 895.

[3]　ARKANI-HAMED N, DIMOPOULOS S, DVALI G. The hierarchy problem and new dimensions at a millimeter [J]. Physics Letters B, 1998, 429(3-4): 263-272.

[4]　ANTONIADIS I, ARKANI-HAMED N, DIMOPOULOS S, et al. New dimensions at a millimeter to a Fermi and superstrings at a TeV [J]. Physics Letters B, 1998, 436(3-4): 257-263.

[5]　RANDALL L, SUNDRUM R. An alternative to compactification [J]. Physical Review Letters, 1999, 83(23): 4690-4693.

[6]　RANDALL L, SUNDRUM R. Large mass hierarchy from a small extra dimension [J]. Physical Review Letters, 1999, 83(23): 3370-3373.

[7]　CSAKI C. TASI lectures on extra dimensions and branes [J]. arXiv, 2004.

[8]　GOLDBERGER W D, Wise M B. Modulus stabilization with bulk fields [J]. Physical Review Letters, 1999, 83(24): 4922-4925.

[9]　CSÁKI C, GRAESSER M, RANDALL L, et al. Cosmology of brane models with radion stabilization [J]. Physical Review D, 2000, 62(4): 045015.

[10] GOLDBERGER W D, WISE M B. Phenomenology of a stabilized modulus [J]. Physics Letters B, 2000, 475(1): 275-280.

[11] CHACKO Z, FOX P J. Wave function of the radion in the ds and ads brane worlds [J]. Physical Review D, 2001, 64(2): 024015.

[12] SHIROMIZU T, MAEDA K SASAKI M. The Einstein equations on the 3-brane world [J]. Physical Review D, 2000, 62(2): 024012.

[13] CSAKI C, GRAESSER M, KOLDA C F, et al. Cosmology of one extra dimension with localized gravity [J]. Physics Letters B, 1999, 462(1): 34-40.

[14] CLINE J M, GROJEAN C, SERVANT G. Cosmological expansion in the presence of an extra dimension [J]. Physical Review Letters, 1999, 83(27): 4245-4248.

[15] YANG K, LIU Y-X, ZHONG Y, et al. Gravity localization and mass hierarchy in scalar-tensor branes [J]. Physical Review D, 2012, 86(12): 127502.

[16] XIE Q-Y, ZHAO Z-H, ZHONG Y, et al. Localization and mass spectra of various matter fields on scalar-tensor brane [J]. Journal of Cosmology and Astroparticle Physics, 2015, 2015(3): 014.

[17] DU Y-Z, ZHAO L, ZHOU X-N, et al. Localization of gravitino field on thin branes [J]. Annals of Physics, 2018, 388: 69-88.

[18] RUBAKOV V A, SHAPOSHNIKOV M E. Do we live inside a domain wall? [J]. Physics Letters B, 1983, 125(1-3): 136-138.

[19] DEWOLFE O, FREEDMAN D Z, GUBSER S S, et al. Modeling the fifth dimension with scalars and gravity [J]. Physical Review D, 2000, 62(4): 046008.

[20] GASS R, MUKHERJEE M. Domain wall spacetimes and particle motion [J]. Physical Review D, 1999, 60(6): 065011.

[21] GREMM M. Four-dimensional gravity on a thick domain wall [J]. Physics Letters B, 2000, 478(3): 434-438.

[22] CSAKI C, ERLICH J, HOLLOWOOD T J, et al. Universal aspects of gravity localized on thick branes [J]. Nuclear Physics B, 2000, 581(1-2): 309-338.

[23] GREMM M. Thick domain walls and singular spaces [J]. Physical Review D, 2000, 62(4): 044017.

[24] GIOVANNINI M, MEYER H, SHAPOSHNIKOV M E. Warped compactification on abelian vortex in six-dimensions [J]. Nuclear Physics B, 2001, 619(1-3): 615-647.

[25] CAMPOS A. Critical phenomena of thick branes in warped spacetimes [J]. Physical Review Letters, 2002, 88(14): 141602.

[26] KOBAYASHI S, KOYAMA K, SODA J. Thick brane worlds and their stability [J]. Physical Review D, 2002, 65(6): 064014.

[27] ARIAS O, CARDENAS R, QUIROS I. Thick brane worlds arising from pure geometry [J]. Nuclear Physics B, 2002, 643(3): 187-200.

[28] WANG A. Thick de Sitter 3-branes, dynamic black holes, and localization of gravity [J]. Physical Review D, 2002, 66(2): 024024.

[29] MELFO A, PANTOJA N, SKIRZEWSKI A. Thick domain wall spacetimes with and without reflection symmetry [J]. Physical Review D, 2003, 67(10): 105003.

[30] BAZEIA D, GOMES A R. Bloch brane [J]. Journal of High Energy Physics, 2004, 2004(5): 012.

15

[31] BARBOSA-CENDEJAS N, HERRERA-AGUILAR A. 4D gravity localized in non-Z_2 symmetric thick branes [J]. Journal of High Energy Physics, 2005, 2005(10): 101. [hep-th/0511050].

[32] SLATYER T R, VOLKAS R R. Cosmology and fermion confinement in a scalar-field-generated domain wall brane in five dimensions [J]. Journal of High Energy Physics, 2007, 2007(4): 062.

[33] BAZEIA D, FURTADO C, GOMES A R. Brane structure from scalar field in warped space-time [J]. Journal of Cosmology and Astroparticle Physics, 2004, 2004(2): 002.

[34] DZHUNUSHALIEV V, FOLOMEEV V, MINAMITSUJI M. Thick de Sitter brane solutions in higher dimensions [J]. Physical Review D, 2009, 79(2): 024001.

[35] DZHUNUSHALIEV V, FOLOMEEV V, SINGLETON D, et al. 6D thick branes from interacting scalar fields [J]. Physical Review D, 2008, 77(4): 044006.

[36] LIU Y X, YANG K, ZHONG Y. de Sitter thick brane solution in Weyl geometry [J]. Journal of High Energy Physics, 2010, 2010(10): 069. [arXiv:0911.0269].

[37] FONSECA R C, BRITO F A, LOSANO L. 4D gravity on a non-BPS bent dilatonic brane [J]. Journal of Cosmology and Astroparticle Physics, 2012, 2012(1): 032.

[38] LIU Y X, ZHANG L D, ZHANG L J, et al. Fermions on thick branes in background of sine-Gordon kinks [J]. Physical Review D, 2008, 78(6): 065025. [hep-th/0804.4553].

[39] KOLEY R, KAR S. Scalar kinks and fermion localisation in warped

spacetimes [J]. Classical and Quantum Gravity, 2005, 22(4): 753-768. [hep-th/0407158].

[40] LIU Y X, GUO H, FU C E, et al. Localization of matters on anti-de Sitter thick branes [J]. Journal of High Energy Physics, 2010, 2010(2): 080. [hep-th/0907.4424].

[41] DZHUNUSHALIEV V, FOLOMEEV V, MINAMITSUJI M. Thick brane solutions [J]. Reports on Progress in Physics, 2010, 73(6): 066901. [arXiv:0904. 1775].

第 2 章　引力微子在薄膜上的局域化

本章节中，主要研究五维时空中的有质量的引力微子场在 RS 薄膜和标量张量厚膜上的局域化问题，并对其局域化性质作了对比。接下来，首先对引力微子场做个简单的介绍，然后具体给出引力微子场在这两个模型中的局域化性质。

2.1　引力微子场

在超引力理论（包括广义相对论和超对称理论）中，引力微子是引力子的规范费米超对称伴随粒子。它是一种费米子，自旋为 3/2，满足 Rarita-Schwinger 方程。就像光子是电磁相互作用的媒介、引力子是引力相互作用的媒介一样，引力微子是超引力相互作用的费米媒介。超对称理论可以解决标准模型中的层次问题，其要求就是引力微子的质量不能超过 $1\ \text{TeV}/c^2$。在宇宙学中，引力微子被认为是暗物质的候选者之一[1-7]。关于引力微子是暗物质的工作已经做了很多。文章 [1] 指出，若轴子的质量约为 $1\ \text{MeV}$，同时引力微子的质量约为 $1\ \text{eV}$，则热的轴子和引力微子就像热暗物质一样。然后文章 [3] 中，作者提出在新的质量范围内，引力微子是最有可能的冷暗物质之一。对于引力微子质量在 $1\ \text{eV}$ 到 $1\ \text{MeV}$ 范围内，它作为暗物质的候选者的图像仍然是模糊不清的，这是由于早期宇宙的不确定性造成的[8]。而文章［8］中的作者已经用碰撞实验得到的相关数据来解释了这种不确定的图像。此外，在超对称标准模型中，最轻的超对称粒子是最轻的引力微子，其质量约为 1 eV。文章［9］中给出了一个大型强子对撞机上探测最轻的引力微子的实验模型。

然而，若引力微子的质量为 TeV 量级，则会使宇宙学标准模型存在问题，至少该理论是不自然的[10,11]。对此，这里有两种可能的解决方案：一种是考虑引力微子场是稳定的，即引力微子是最轻的超对称伴随粒子，且 R-parity 守恒。在这种情况下，引力微子是一种暗物质，例如引力微子是在宇宙极早期产生的。然而在这种方案中计算得到的引力微子密度比观测到的暗物质密度要大得多。另外一种选择方案是引力微子场不稳定，将会衰变，并且对现今观测到的暗物质密度没有贡献。但是引力微子场的衰变仅仅是通过引力相互作用发生的，它们的寿命会非常长，在自然单位制下约为 M^2_{pl}/m^3。对于 TeV 量级的引力微子，其寿命约为 105 秒，这比原子合成时期晚得多。故而，若引力微子的质量为 TeV 量级时，上述两种方案都存在一定的问题。因此，宇宙学引力微子问题的一种可能解决途径就是超对称破缺模型，该模型中引力微子的质量要比 TeV 量级重得多，而标准模型中的其他费米型超对称伴随粒子在 TeV 能标时都已经产生了。另外的一种方法[12]是轻微地违反 R-parity，且引力微子是最轻的超对称伴随粒子。这将导致几乎所有的宇宙早期的超对称伴随粒子在原子合成时期之前都衰变成标准模型中的粒子，最近，人们更多地关注于引力微子场在黑洞中的性质[13-16]。而膜世界理论中引力微子的相关研究很少。因此，研究膜世界理论中引力微子场在膜上的局域化和质量谱具有非常重要的意义。

膜世界理论中，关于引力微子场在膜上的局域化问题已经在文章［17-23］中给出。正如自由的狄拉克费米场一样，自由的引力微子场同样不能局域在五维时空中的类 RS 膜上。因此，文章［18，19］中，作者考虑了五维时空中有质量的引力微子场，研究了四维无质量的引力微子在膜上的局域化性质。文章［20，21］给出，d 维时空中（$d \geqslant 6$）相互作用的引力微子场的零膜与相互作用的狄拉克费米场的零膜具有相同的局域化性质，这里文章中对引力微子场直接选取了规范 $\varPsi_5 + 0$。在 6 维规范超引力模型[22]中，通过引入膜上引力微子场的质量项可以使四维有效引力微子场的质量存在次幂型的抑制。此外，文章［24］中，作者研究了引力微子场的 KK 模式与膜上的其他费米子和其标量超对称伴随粒子的相互作用。这一部分我们主要研究引力微子场在嵌入到五维时空 $x^M = (x^\mu, y)$ 中的薄膜上的局域化。最初，为了避免与当前实验结果偏离，人们认为额外的空间维度（第五维）是有限的。并且最简单的做法是假设额外维具有周期性，例如卷曲在一个圆 S^1 上，半径为 R。然而，该理论不能通过将费米子紧致在一个圆上来描述标准模型中的手征费米子。若将第五维紧致在线段（S^1/Z_2）上，则粒子物理准模型中的手征费米子才可以得到恢复，其中 Z_2 表示额外维 y 与 $-y$ 两点的等同。这就是著名的 Z_2 轨形对称性[25,26]。该理论中存在两张 3-膜，分别位于两个固定点：$y = 0$ 和 $y = \overline{y}$。

五维时空中的线元假设为

$$ds^2 = e^{-2\sigma} \eta_{\mu\nu} dx^\mu dx^\nu + dy^2 \qquad (2\text{-}1)$$

卷曲因子仅仅是|y|的函数。由度规（2-1）可得，五维弯曲时空的标架 $e_M^{\overline{M}}$ 与四维平直时空的 $\hat{e}_\mu^{\overline{\mu}}$ 之间关系如下：

$$e_M^{\overline{M}} = \begin{bmatrix} e^{-\sigma} \hat{e}_\mu^{\overline{\mu}} & 0 \\ 0 & 1 \end{bmatrix}, \qquad e_{\overline{M}}^M = \begin{bmatrix} e^{\sigma} \hat{e}_{\overline{\mu}}^\mu & 0 \\ 0 & 1 \end{bmatrix}, \qquad \hat{e}_\mu^{\overline{\mu}} = \begin{bmatrix} I & \\ & I \end{bmatrix} \qquad (2\text{-}2)$$

这里，$\overline{M}$ 和 $\overline{\mu}$ 分别是(4 + 1)维和(3 + 1)维局域洛伦兹指标。文章［27-31］中，作者给出了 RS1 模型中超引力完整的作用量，其中包含了引力微子、引力光子及引力子。文章［27］中，考虑了一个 AdS_5 的背景时空，引力光子取为零。为了研究超对称的破缺，文章［19］作者额外地加入了引力微子动能项和质量项。众所周知，五维时空中的 Dirac 费米子的质量参数在额外维坐标的 Z_2 对称下是奇的，引力微子场的质量参数也是如此。故而，对于引力微子场，最简单的质量参数应该正比于 $\sigma' \equiv \partial_y \sigma$。此外，引力微子场的质量参数可以被认为源于"kink"型的背景标量场的两个真空，而标量场的真空场构形则可以看作是无限薄的畴壁（domain wall）。因此，五维时空中包含质量项的引力微子场的作用量为[19]

$$S_{3/2} = \int \mathrm{d}^5 x \sqrt{-g} (\bar{\Psi}_M i \Gamma^{[MNL]} D_N \Psi_L - a\sigma' \bar{\Psi}_M i \Gamma^{[MN]} \Psi_N) \qquad (2\text{-}3)$$

其中参数 a 为无量纲的系数，$\Gamma^{[MNL]} = \Gamma^{[M} \Gamma^M \Gamma^{L]}$。伽马矩阵是狄拉克矩阵的一个四维表示；狄拉克矩阵则为手征表示。协变导数的定义式如下

$$D_N \Psi_L \equiv \partial_N \Psi_L - \Gamma_{NL}^M \Psi_M + \omega_N \Psi_L \qquad (2\text{-}4)$$

其中自旋联络 $\omega_N = \frac{1}{4} \omega_N^{\bar{N}\bar{L}} \Gamma_{\bar{N}} \Gamma_{\bar{L}}$。由公式（2-2）并结合关系式 $\Gamma^M = \mathrm{e}_{\bar{M}}^M \Gamma^{\bar{M}}$，可得弯曲时空中伽马矩阵 Γ^M 与平直时空中的 $\Gamma^{\bar{M}} = (\Gamma^{\bar{\mu}}, \Gamma^{\bar{5}}) = (\gamma^{\bar{\mu}}, \gamma^5)$ 之间的关系

$$\Gamma^{\mu} = \mathrm{e}^{\sigma} \gamma^{\mu}, \Gamma^5 = \gamma^5 \qquad (2\text{-}5)$$

两套伽马矩阵的对易关系为：$[\Gamma^M, \Gamma^N] = 2g^{MN}$ 和 $[\Gamma^{\bar{M}}, \Gamma^{\bar{N}}] \Gamma^M = 2\eta^{\bar{M}\bar{N}}$。

由度规（2-1），计算可得自旋联络

$$\omega_{\mu} = -\frac{1}{2} \sigma' \mathrm{e}^{-\sigma} \gamma_{\mu} \gamma_5, \omega_5 = 0 \qquad (2\text{-}6)$$

则非零的协变导数为

$$D_{\mu} \Psi_{\nu} = \partial_{\mu} \Psi_{\nu} - \sigma' \mathrm{e}^{-2\sigma} \eta_{\mu\nu} \Psi_5 - \frac{\sigma'}{2} \mathrm{e}^{-\sigma} \gamma_{\mu} \gamma_5 \Psi_{\nu} \qquad (2\text{-}7)$$

$$D_{\mu} \Psi_5 = \partial_{\mu} \Psi_5 + \sigma' \Psi_{\mu} - \frac{\sigma'}{2} \mathrm{e}^{-\sigma} \gamma_{\mu} \gamma_5 \Psi_5 \qquad (2\text{-}8)$$

$$D_5\Psi_\mu = \partial_y\Psi_\mu + \sigma'\Psi_\mu, \ D_5\Psi_5 = \partial_y\Psi_5 + \sigma'e^{-2\sigma}\Psi_5 \tag{2-9}$$

由于作用量（2-3）中存在一个任意参数 a，所以假设该引力微子场的超对称变换为

$$\delta\Psi_M = D_M\eta + b\sigma'\Gamma_M\eta \tag{2-10}$$

其中 b 为无量纲系数，η 是五维时空中的超对称旋量场，$D_M\eta = \partial_M\eta + \omega_M\eta$。对于背景度规（2-1），上述的超对称变换可以写为

$$\delta\Psi_\mu = \partial_\mu\eta - \frac{\sigma'}{2}e^{-\sigma}\gamma_\mu\gamma_5\eta + b\sigma'e^{-\sigma}\gamma_\mu\eta, \ \delta\Psi_5 = \partial_5\eta + b\sigma'\gamma_5\eta \tag{2-11}$$

将五维时空中的狄拉克费米场约化到四维时空，则可恢复四维手征费米理论。而正如有质量的狄拉克费米子一样，有质量的引力微子也没有手征性，为了方便，可以将引力微子场分解为左手征和右手征，即：$\Psi_M = \Psi_{LM} + \Psi_{RM}$。同理，这样的分解也适用于超对称变换旋量。

对五维时空中的场 Ψ_M 和 η 作如下的 KK 分解[19]

$$\Psi_\mu(x,y) = \sum_n [\psi_{L\mu}^{(n)}(x)\xi_{Ln}(y) + \psi_{R\mu}^{(n)}(x)\xi_{Rn}(y)] \tag{2-12}$$

$$\Psi_5(x,y) = \sum_n [\psi_{L5}^{(n)}(x)f_{Ln}(y) + \psi_{R5}^{(n)}(x)f_{Rn}(y)] \tag{2-13}$$

$$\eta(x,y) = \sum_n [\eta_L^{(n)}(x)\xi_{Ln}(y) + \eta_R^{(n)}(x)\xi_{Rn}(y)] \tag{2-14}$$

当 $M = \mu$ 时，将上述场的分解式带入超对称变换关系（2-11），则有

$$\delta\psi_{L\mu}^{(n)} = \partial_\mu\eta_L^{(n)} + \gamma_\mu\sum_m B_{mn}\eta_R^{(n)}, \ A_{mn} \equiv \int \mathrm{d}y\left(b+\frac{1}{2}\right)\sigma'e^{-2\sigma}\xi_{Rm}\xi_{Ln} \tag{2-15}$$

$$\delta\psi_{R\mu}^{(n)} = \partial_\mu\eta_R^{(n)} + \gamma_\mu m\sum_m B_{mn}\eta_L^{(n)}, \ B_{mn} \equiv \int \mathrm{d}y\left(b-\frac{1}{2}\right)\sigma'e^{-2\sigma}\xi_{Lm}\xi_{Rn} \tag{2-16}$$

其中系数 A_{mn}（B_{mn}）表明第 n 个左手场 $\psi_{L\mu}^{(n)}$（右手场 $\psi_{R\mu}^{(n)}$）的超对

称变换依赖于超对称变换的右手旋量场 $\eta_R^{(m)}$（左手旋量场 $\eta_L^{(m)}$）的所有 KK 模式。对于 $M=5$ 的情形，超对称变换（2-11）改写为

$$\delta \Psi_{L5} = \sum_n \delta \psi_{L5}^{(n)} f_{Ln} = \sum_n (\eta_L^{(n)} \partial_y \xi_{Ln} + b\sigma' \eta_L^{(n)} \xi_{Ln}) \qquad （2\text{-}17）$$

$$\delta \Psi_{R5} = \sum_n \delta \psi_{R5}^{(n)} f_{Ln} = \sum_n (\eta_R^{(n)} \partial_y \xi_{Rn} - b\sigma' \eta_R^{(n)} \xi_{Rn}) \qquad （2\text{-}18）$$

假设引力微子场第五分量的 KK 模式满足如下形式的超对称变换

$$\delta \psi_{L5}^{(n)} = m_n \eta_L^{(n)}, \quad \delta \psi_{R5}^{(n)} = -m_n \eta_R^{(n)} \qquad （2\text{-}19）$$

其中 m_n 是第 n 个引力微子 KK 模式的质量。由方程（2-17）（2-18）及（2-19），第五分量的 KK 模式与 μ 分量的 KK 模式之间有如下关系

$$f_{Ln,Rn} = \frac{1}{m_n} (\pm \partial_y + b\sigma') \xi_{Ln,Rn} \qquad （2\text{-}20）$$

因此，定义新的场[19]

$$\tilde{\psi}_{L\mu}^{(n)} \equiv m_n \psi_{L\mu}^{(n)} - \partial_\mu \psi_{L5}^{(n)} + m_n \gamma_\mu \sum_k A_{kn} \frac{\psi_{R5}^{(k)}}{m_k} \qquad （2\text{-}21）$$

$$\tilde{\psi}_{R\mu}^{(n)} \equiv m_n \psi_{R\mu}^{(n)} + \partial_\mu \psi_{R5}^{(n)} - m_n \gamma_\mu \sum_k B_{kn} \frac{\psi_{L5}^{(k)}}{m_k} \qquad （2\text{-}22）$$

它们在超对称变换（2-15）（2-16）及（2-19）下不变，是相应的物理场。然而引力微子场的第五分量 Ψ_5 依赖于超对称变换，可以通过选取规范去掉，这也就是所谓的超–希格斯机制。现在研究重新定义的引力微子场的运动方程。对作用量（2-3）变分，可得 Ψ_M 的 Rarita-Schwinger 方程为

$$\Gamma^{[M} \Gamma^N \Gamma^{L]} D_N \Psi_L = a\sigma' \Gamma^{[M} \Gamma^{L]} \Psi_L \qquad （2\text{-}23）$$

因为存在如下的边界条件

$$\left. (\bar{\Psi}_{R\mu} \delta \Psi_L^\mu) \right|_{0,\bar{y}} = \left. (\bar{\Psi}_{L\mu} \delta \Psi_R^\mu) \right|_{0,\bar{y}} = 0 \qquad （2\text{-}24）$$

从而导致边界项消失。对于新的手征场（2-21）和（2-22），方程（2-23）

可以简化为

$$\gamma^{[\lambda\mu\nu]}\partial_\mu\tilde\psi^{(n)}_{L\nu,R\nu} = m_n\gamma^{[\lambda\nu]}\tilde\psi^{(n)}_{R\nu,L\nu} \qquad (2\text{-}25)$$

其中参数 $b=1/2$，$a=3/2$。上式正是四维有质量的引力微子 $\tilde\psi^{(n)}_\nu(x)$ 的 Rarita-Schwinger 方程，且新场 $\xi_{Ln,Rn}(y)$ 的 KK 模式满足

$$\left[\pm\partial_y + \left(\frac{3}{2}\mp 1\right)\sigma'\right]\xi_{Ln,Rn} = m_n \mathrm{e}^\sigma \xi_{Rn,Ln} \qquad (2\text{-}26)$$

由上述方程，可以得到左右手征零模

$$\xi_{L0}(y) \propto \mathrm{e}^{-\frac{1}{2}\sigma}, \xi_{R0}(y) \propto \mathrm{e}^{\frac{5}{2}\sigma} \qquad (2\text{-}27)$$

对于有质量的 KK 模式，做如下的坐标变换和场变换：$\mathrm{d}y = \mathrm{e}^{-\sigma}\mathrm{d}z, \xi_{Ln,Rn}(y) = \mathrm{e}^\sigma\overline\xi_{Ln,Rn}$，则手征耦合方程（2-29）可以重新写为

$$\left[\pm\partial_z + \frac{3}{2}\partial_z\sigma\right]\overline\xi_{Ln,Rn} = m_n\overline\xi_{Rn,Ln} \qquad (2\text{-}28)$$

很显然，KK 模式 $\overline\xi_{Ln,Rn}$ 满足下面的类薛定谔方程

$$\left[-\partial_z^2 + V_{L,R}(z)\right]\overline\xi_{Ln,Rn} = m_n^2\overline\xi_{Ln,Rn} \qquad (2\text{-}29)$$

其中有效势函数为

$$V_{L,R}(z) = \frac{9}{4}(\partial_z\sigma)^2 \mp \frac{3}{2}\partial_z^2\sigma \qquad (2\text{-}30)$$

根据量子力学知识，类薛定谔方程（2-29）也可以写为

$$Q^*Q\overline\xi_{Ln} = m_n^2\overline\xi_{Ln}, QQ^*\overline\xi_{Rn} = m_n^2\overline\xi_{Rn} \qquad (2\text{-}31)$$

其中算子 $Q = \partial_z + \frac{3}{2}\partial_z\sigma$。这样的形式表明该系统中不存在质量平方为负的 KK 引力微子。另一方面，由方程（2-20）和（2-26），发现

$$f_{Ln} = \mathrm{e}^\sigma\xi_{Rn}, f_{Rn} = \mathrm{e}^\sigma\xi_{Ln} - \frac{2\sigma'}{m_n}\xi_{Rn} \qquad (2\text{-}32)$$

这一结果也与文章［17］中的一致。最后，需要正交归一化条件

$$\int \mathrm{d}y\,\mathrm{e}^{-\sigma}\xi_{Ln}(y)\xi_{Lk}(y)=\int \mathrm{d}z\,\overline{\xi}_{Ln}(z)\overline{\xi}_{Lk}(z)=\delta_{nk} \qquad (2\text{-}33\mathrm{a})$$

$$\int \mathrm{d}y\,\mathrm{e}^{-\sigma}\xi_{Rn}(y)\xi_{Rk}(y)=\int \mathrm{d}z\,\overline{\xi}_{Rn}(z)\overline{\xi}_{Rk}(z)=\delta_{nk} \qquad (2\text{-}33\mathrm{b})$$

$$\int \mathrm{d}y\,\mathrm{e}^{-\sigma}\xi_{Ln}(y)\xi_{Rk}(y)=\int \mathrm{d}z\,\overline{\xi}_{Ln}(z)\overline{\xi}_{Rk}(z)=0 \qquad (2\text{-}33\mathrm{c})$$

从而得到四维引力微子场的有效作用量：

$$
\begin{aligned}
\frac{S_3}{2}&=\sum_n\int \mathrm{d}^4x\,i\left(\begin{array}{l}\overline{\tilde{\psi}}_{L\lambda}^{(n)}\gamma^{[\lambda\mu\nu]}\partial_\mu\tilde{\psi}_{L\nu}^{(n)}-m_n\overline{\tilde{\psi}}_{L\lambda}^{(n)}\gamma^{[\lambda\nu]}\tilde{\psi}_{R\nu}^{(n)}+\\[4pt]\overline{\tilde{\psi}}_{R\lambda}^{(n)}\gamma^{[\lambda\mu\nu]}\partial_\mu\tilde{\psi}_{R\nu}^{(n)}-m_n\overline{\tilde{\psi}}_{R\lambda}^{(n)}\gamma^{[\lambda\nu]}\tilde{\psi}_{L\nu}^{(n)}\end{array}\right)\\[8pt]
&=\sum_n\int \mathrm{d}^4x\left(\overline{\tilde{\psi}}_\lambda^{(n)}\,i\gamma^{[\lambda\mu\nu]}\partial_\mu\tilde{\psi}_\nu^{(n)}-m_n\overline{\tilde{\psi}}_\lambda^{(n)}\,i\gamma^{[\lambda\nu]}\tilde{\psi}_\nu^{(n)}\right) \qquad (2\text{-}34)
\end{aligned}
$$

注意，正交归一化条件（2-33）对于检验引力微子场的 KK 模式是否能局域到膜上具有重要的作用。下一节中，将具体考虑两种薄膜模型（RS1 模型和标量–张量模型）中引力微子场的局域化性质，并给出其质量谱，这些有质量的 KK 模式有可能作为未来实验中额外维的信号。

2.2　引力微子在 RS1 膜上局域化及质量谱

1999 年，为了解决粒子物理标准模型中的规范层次问题，Randall 和 Sundrum 提出了著名的 RS1 膜世界模型[32]。这一小节中，将研究引力微子场在 RS1 模型中的局域化性质。RS1 模型，描述的是两张薄膜嵌入在五维时空中模型，线元由公式（2-1）给出。该模型中，第五维的流形为 $S^1/Z_2(0\leqslant y\leqslant \pi R)$，且五维基本能标是普朗克能标 $M_{\mathrm{Pl}}\approx 10^{16}$ TeV，

卷曲因子的形式为

$$\sigma(y) = k|y| \qquad (2\text{-}35)$$

这里参数 k 是 AdS_5 时空曲率 $k \sim M_{\mathrm{Pl}}$，故而有

$$\sigma'(y) = k\epsilon(y), \sigma''(y) = 2k[\delta(y) - \delta(y - \pi R)] \qquad (2\text{-}36)$$

考虑卷曲因子（2-35），左右手引力微子零模（2-27）转变为

$$\xi_{L0} = \frac{1}{\sqrt{N_{L0}}} e^{-\frac{1}{2}k|y|}, \xi_{R0} = \frac{1}{\sqrt{N_{R0}}} e^{\frac{5}{2}k|y|} \qquad (2\text{-}37)$$

其中 N_{L0} 和 N_{R0} 是归一化系数。由正交归一化条件（2-33a）和（2-33b）可得归一化系数为 $N_{L0} = \frac{1}{2k}(1 - e^{-2k\pi R}) \approx \frac{1}{2k}$，$-N_{R0} = \frac{1}{4k}(e^{4k\pi R} - 1) \approx \frac{1}{4k}e^{4k\pi R}$，其中 $k\pi R \approx 36$ [32]。由图 2-1，似乎明显地可以看出，左手引力微子零模是局域在紫外膜上 $y = 0$（UV brane），而右手引力微子零模局域在红外膜上 $y = \pi R$（IR brane）。然而，这种结论是不正确的。因为，当考虑边界条件（2-19）时，要么右手 KK 模式 $\xi_{Rn}(n = 0, 1, \cdots)$

在边界处为零，即 $\xi_{Rn}|_{0,\pi R} = 0$；要么左手 KK 模式 ξ_{Ln} 在边界处为零。则会导致如下结论：不能同时得到在膜上的左手和右手零模。事实上，这就是如何从五维的费米场出发得到四维的手征费米子，即将五维的费米场紧致在 S^1/Z_2 的额外维中。这一性质对于描述标准模型中的费米子是非常重要的，因为左手和右手费米子在弱电规范群的作用下具有不同的变换形式[19]。

对于有质量的 KK 引力微子，左右手有效势函数 $V_{L,R}$ 包含关于 σ 的二次导数，这将会导致 δ 函数的出现。因此，我们的做法是：先给出薛定谔方程的通解，然后再考虑通解在边界处 $y = 0, \pi R$ 的行为。忽略有效势函数中关于 σ 的二次导数项（σ''），并且做坐标变换 $z_n = \frac{m_n}{k}e^{\sigma}$ 和场变换

$\xi_{Ln,Rn}(y) = e^{\sigma}\,\bar{\xi}_{Ln,Rn}(z_n)$，则方程（2-26）转变为 ν-阶贝塞尔方程

$$z_n^2\frac{\mathrm{d}^2}{\mathrm{d}z_n^2}\bar{\xi}_{Ln,Rn} + \left[z_n^2 - \frac{1}{k^2}\left(\frac{9}{4}\pm\frac{3}{2}\right)\sigma'^2\right]\bar{\xi}_{Ln,Rn} = 0 \qquad （2\text{-}38）$$

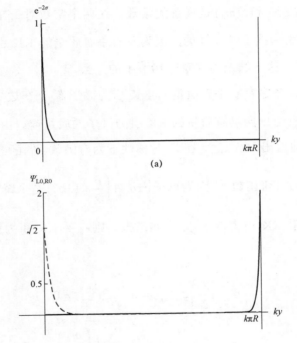

图 2-1　卷曲因子 $e^{-2\sigma}$ 和手征零模 $\Psi_{L0} \equiv e^{-\frac{\sigma}{2}}\dfrac{\xi_{L0}}{\sqrt{k}}$

（断线），$\Psi_{R0} \equiv e^{-\frac{\sigma}{2}}\dfrac{\xi_{R0}}{\sqrt{k}}$（粗实线）

该方程的通解为 $\bar{\xi}_{Ln,Rn} = z_n^{\alpha}Z_{\nu_{\pm}}(\lambda z_n^{\beta})$，其中参数 $\alpha = \dfrac{1}{2}, \beta = \lambda = 1$，

$\nu_{\pm} = \left|\dfrac{3}{2}\pm\dfrac{1}{2}\right|$。函数 $Z_{\nu}(x)$ 是 ν-阶柱函数：$Z_{\nu}(x) = J_{\nu}(x) + b_{\nu}Y_{\nu}(x)$。则相应

的物理坐标下的左右手有质量的 KK 引力微子为

$$\xi_{Ln}(y) = \frac{1}{N_n} e^{\frac{3}{2}\sigma}\left[J_2\left(\frac{m_n}{k}e^{\sigma}\right) + b(m_n)Y_2\left(\frac{m_n}{k}e^{\sigma}\right)\right] \qquad (2\text{-}39)$$

$$\xi_{Rn}(y) = \frac{1}{N_n} e^{\frac{3}{2}\sigma}\left[J_1\left(\frac{m_n}{k}e^{\sigma}\right) + b(m_n)Y_1\left(\frac{m_n}{k}e^{\sigma}\right)\right] \qquad (2\text{-}40)$$

其中系数 N_n 和 $b(m_n)$ 是任意的常数。这两个常数对于左手和右手有质量的 KK 引力微子是一样的，因为左右手有质量的 KK 引力微子满足方程（2-26），这一结论与文章 [19] 中的一致。

接下来，考虑左右手有质量的 KK 引力微子 $\xi_{Ln,Rn}$ 在边界上 $y = 0, \pi R$ 的性质，并且给出四维有质量的 KK 引力微子的质量谱。由方程（2-26）中，很明显地看出：当 $\xi_{Rn,Ln}$ 在 Z_2 对称性下为奇函数（偶函数）时，$\xi_{Ln,Rn}$ 必须是偶函数（奇函数），因为算子 $\left[\pm\partial_y + \left(\frac{3}{2}\mp1\right)\sigma'\right]$ 是个奇算子。首先，我们假设左手 KK 引力微子 ξ_{Ln} 为偶函数，则右手 KK 引力微子 ξ_{Rn} 是奇函数，可得

$$\left(\partial_y + \frac{\sigma'}{2}\right)\xi_{Ln}\big|_{0,\pi R} = 0 \ , \quad \xi_{Rn}\big|_{0,\pi R} = 0 \qquad (2\text{-}41)$$

由上述的边界条件可知，系数 $b(m_n) = -\dfrac{J_1\left(\dfrac{m_n}{k}\right)}{Y_1\left(\dfrac{m_n}{k}\right)}$ 且质量谱由下列方程给出

$$b(m_n) = b(m_n e^{\pi kR}) \qquad (2\text{-}42)$$

考虑极限：$m_n \ll k \sim M_{Pl}$（相比于普朗克质量来说，比较轻的 KK 引力微子）和 $m_n \gg k e^{-k\pi R} \sim 1\,\mathrm{TeV}$（与 TeV 量级相比，不太轻的 KK 引力微子），可得到 $b(m_n) \simeq \dfrac{m_n^2\pi}{4k^2} \to 0$，从而有

$$J_1\left(\frac{m_n}{k}e^{k\pi R}\right) \simeq \sqrt{\frac{2ke^{-k\pi R}}{\pi m_n}}\cos\left(\frac{m_n}{k}e^{k\pi R} - \frac{3\pi}{4}\right) \to 0 \qquad (2\text{-}43)$$

因此，有质量的 KK 引力微子的质量谱近似为

$$m_n \simeq \left(n + \frac{1}{4}\right)\pi k e^{-kR\pi} \sim 3\left(n + \frac{1}{4}\right)\text{TeV} \qquad (2\text{-}44)$$

其中 $n = 1, 2, 3, \cdots$。接着，考虑右手 KK 引力微子为偶函数，左手 KK 引力微子为奇函数，则边界条件为

$$\left(-\partial_y + \frac{5\sigma'}{2}\right)\xi_{Rn}|_{0,\pi R} = 0,\ \xi_{Ln}|_{0,\pi R} = 0 \qquad (2\text{-}45)$$

其中系数 $b(m_n)$ 可由下列方程给出

$$b(m_n) = -\frac{J_2\left(\dfrac{m_n}{k}\right)}{Y_2\left(\dfrac{m_n}{k}\right)}, \qquad (2\text{-}46)$$

且满足 $b(m_n) = b(m_n e^{\pi kR})$。在极限 $m_n \ll k$ 和 $m_n \gg ke^{-k\pi R} \sim 1\,\text{TeV}$ 下，可以得到 $b(m_n) \simeq \frac{\pi}{2}\left(\dfrac{m_n}{2k}\right)^4 \to 0$，和

$$J_2\left(\frac{m_n}{k}e^{k\pi R}\right) \simeq \sqrt{\frac{2k}{\pi m_n}}e^{-k\pi R}\cos\left(\frac{m_n}{k}e^{k\pi R} - \frac{5\pi}{4}\right) \to 0 \qquad (2\text{-}47)$$

有质量的 KK 引力微子的质量谱可近似地表示为

$$m_n \simeq \left(n + \frac{3}{4}\right)\pi k e^{-kR\pi} \sim 3\left(n + \frac{3}{4}\right)\text{TeV} \qquad (2\text{-}48)$$

物理坐标和共形坐标下三个最低能级的有质量的手征引力微子函数如图 2-2 和图 2-3 所示。在图 2-2 中，断线对应的质量谱为 $m_1 = 1.625\,08\,\text{TeV}$，蓝色粗线对应的质量谱为 $m_2 = 2.975\,46\,\text{TeV}$（粗实线），

灰色细线对应的质量谱为 $m_3 = 4.314\,74\,\text{TeV}$。在图 2-3 中，断线对应的质量谱为 $m_1 = 2.178\,11\,\text{TeV}$，粗实线对应的质量谱为 $m_2 = 3.569\,88\,\text{TeV}$，灰色细线对应的质量谱为 $m_3 = 4.928\,15\,\text{TeV}$。

从共形坐标 z 的观点来看，这些较低的有质量的手征 KK 模式不能局域在任何一张膜附近。然而，正如文章［27］所阐述的，从物理坐标 y 的观点来看，较低能级的有质量的左右手 KK 引力微子都局域在红外膜（IR brane）附近。

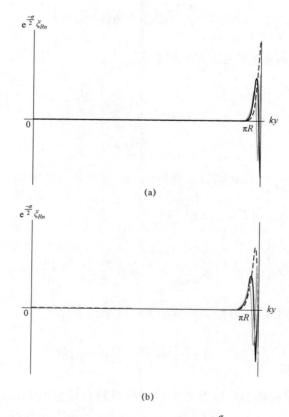

图 2-2 三个最低能量的手征有质量的 KK 引力微子 $e^{-\frac{\sigma}{2}}\xi_{Ln,Rn}(y)$（物理坐标下）、$\bar{\xi}_{Ln,Rn}(z)$（共形坐标下），边界条件取自方程（2-41）

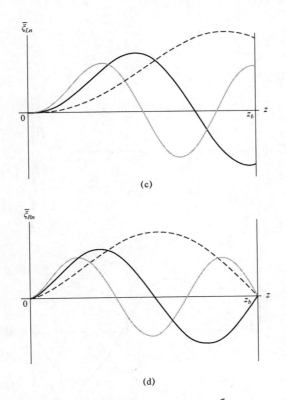

(c)

(d)

图 2-2　三个最低能量的手征有质量的 KK 引力微子 $e^{-\frac{\sigma}{2}}\xi_{Ln,Rn}(y)$ （物理坐标下）、$\bar{\xi}_{Ln,Rn}(z)$ （共形坐标下），边界条件取自方程（2-41）（续）

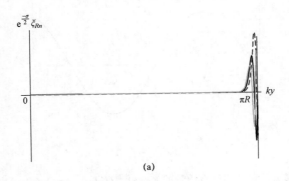

(a)

图 2-3　三个最低能量的手征有质量的 KK 引力微子 $e^{-\frac{\sigma}{2}}\xi_{Ln,Rn}(y)$ （物理坐标下）、$\bar{\xi}_{Ln,Rn}(z)$ （共形坐标下），边界条件取自方程（2-48）

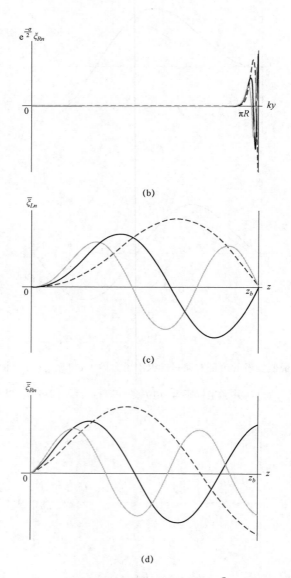

图 2-3　三个最低能量的手征有质量的 KK 引力微子　$\mathrm{e}^{\frac{-\sigma}{2}}\xi_{Ln,Rn}(y)$（物理坐标下）、

　　　　$\bar{\xi}_{Ln,Rn}(z)$（共形坐标下），边界条件取自方程（2-48）（续）

这一小节中，已经得到了 RS1 膜上的手征零模和一系列有质量的手征 KK 引力微子。对于无质量的引力微子，只能存在一种手征模式：要么是局域在紫外膜（UV brane）上左手零模，要么是局域在红外膜（IR brane）上右手零模。而对于有质量的模式，从物理坐标 y 的观点来看，能级比较低的左手和右手 KK 引力微子都局域在红外膜（IR brane）附近。此外，看到由于两个 3-膜的间距为 $\pi R \sim 12 l_{Pl}$，从而使得有质量的手征 KK 模式的质量间距约为 $\pi k e^{-kR\pi} \sim 3\,\text{TeV}$，这一结果与 KK 理论[33]和 ADD 模型[34]是不同的。左手和右手引力微子具有相同的质量谱，且较低能级的手征模式都局域在红外膜（IR brane）附近，而它们的区别在于具有不同的手征性。

2.3　引力微子在标量张量膜上的局域化及质量谱

另外一种典型的薄膜模型是从标量张量引力理论[26]给出的。在标量张量膜世界模型中，存在两张 3-膜。为了解决规范层次问题，假设四维世界是在正张力膜上（RS1 模型中四维世界在负张力膜上）。且标量张量膜世界模型中，引力和各种物质场的质量谱间距非常小，约为 $10^{-3}\,\text{eV}$ 量级[26, 35]。下面，将研究引力微子场在标量张量膜上的局域化，看看该场的质量谱间距是否与引力和其他物质场一样也是如此小。首先，我们对标量张量膜世界模型作个简单的回顾。标量张量引力系统中，引力与伸缩子场之间存在非最小耦合，其作用量为[26]

$$S_5 = \frac{M_5^3}{2} \int \mathrm{d}x^5 \sqrt{-g}\, e^{\lambda\phi} \left[\mathcal{R} - (3+4\lambda)\partial_M \phi \partial^M \phi \right] \qquad (2\text{-}49)$$

其中 $\mathcal{R}$ 为五维时空中的标曲率，M_5 为五维时空中的引力能标，ϕ 是伸缩子场。这里同样考虑静态的平直膜世界，额外维的拓扑结构为 S^1/Z_2。时空度规假设为物理坐标下的方程（2-1），或者写成共形坐标下

的形式

$$ds^2 = e^{-2\sigma}(\eta_{\mu\nu}dx^{\mu}dx^{\nu} + dz^2) \qquad (2\text{-}50)$$

共形坐标 z 的范围：$z \in [-z_b, z_b]$。

同样地，假设伸缩子场 ϕ 仅是额外维坐标的函数 $\phi = \phi(z)$。该膜世界模型中，存在两张 3-膜，一张位于源点处 $z = 0$，称为红外膜（IR brane），膜张力为正；另外一张在 $z = z_b$，称为紫外膜（UV brane），膜张力为负；而这与 RS1 模型恰好相反。此外，该理论与 RS1 模型的另一个区别就是五维的基本能标为弱电能标 $M_5 = M_{EW} \sim 1\,\text{TeV}$。根据耦合参数 λ 的取值范围，该系统中存在两种非平庸的膜世界解，且从四维引力的 KK 质量谱来看，这两种膜世界解在物理上是等价的[26]。然而，文章［35］中，作者指出该模型中，由这两种解得到的其他物质场的 KK 质量谱是不同的。

2.3.1 解一

首先，考虑解满足下列方程

$$\dot{\phi} = -2\dot{\sigma}, \quad \ddot{\sigma} = (2\lambda + 3)\dot{\sigma}^2, \quad (\lambda \neq -3/2) \qquad (2\text{-}51)$$

其中"·"代表对共形坐标 z 的导数。此时卷曲因子的形式为

$$e^{-2\sigma} = (1 + \beta|z|)^{\frac{2}{3+2\lambda}} \qquad (2\text{-}52)$$

参数满足 $\beta > 0, \lambda < -3/2$。卷曲因子如图 2-4（a）所示，其随额外维坐标的变化与 RS1 中的一样。为了书写方便，定义参数：$p_1 \equiv \dfrac{1}{3+2\lambda}(<0)$、$\tilde{z}_b \equiv 1 + \beta z_b(>1)$。故而，物理坐标 y 为

$$y = \int_0^z e^{-\sigma(w)}dw = \begin{cases} \dfrac{1}{\beta(1+p_1)}\Big[(1+\beta|z|)^{1+p_1} - 1\Big] & \lambda \neq -2 \\[3mm] \dfrac{1}{\beta}\ln\big(1+\beta|z|\big) & \lambda = -2 \end{cases}$$

$$(2\text{-}53)$$

粗线和断线分别代表精确的数值质量谱和近似的解析质量谱。其中参数设为：$\beta=10^{12}$ eV, $z_b=10^4$ eV^{-1}，耦合参数分别取为 $\lambda=-3.01,-3.5,$ $-10,-100,-1\,000$。

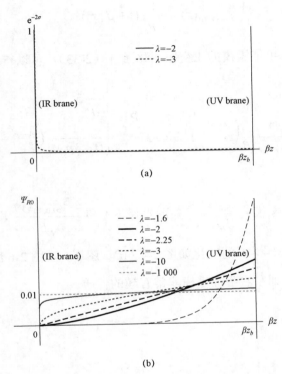

图 2-4　解一（2-52）对应的卷曲因子 $\mathrm{e}^{-2\sigma}$（a）和右手征零模 $\Psi_{R0}=\bar{\xi}_{R0}/\sqrt{\beta}$（共形坐标 z）（b）图像

由此，可以看出该模型中两张膜的间距是不随时间演化的，需要引入 Goldberger-Wise 机制[36]来固定额外维的大小。这里需要注意：当参数 $\lambda=-2$ 时，卷曲因子的形式与 RS1 模型中的一样，区别在于参数 k（普朗克能标）和 β（弱电能标）具有不同的能标。因此，参数 $\lambda=-2$ 时，标量张量膜世界模型中，引力微子场的质量谱与 RS1 模型中的具有相同的形式，唯一的区别在于质量谱的间距不同。

在该膜世界解（2-51）中，左右手征零模 $\bar{\xi}_{L0,R0}$ 的形式转化为

$$\bar{\xi}_{L0}(z) = \frac{1}{\sqrt{L_0}}\left(1+\beta\,|z|\right)^{\frac{3}{2}p_1} \tag{2-54}$$

$$\bar{\xi}_{R0}(z) = \frac{1}{\sqrt{R_0}}\left(1+\beta\,|z|\right)^{-\frac{3}{2}p_1} \tag{2-55}$$

考虑左右手征零模的正交归一化条件（2-33），可以得到

$$L_0 = \begin{cases} \dfrac{1}{\beta}\ln\tilde{z}_b & \lambda=-3 \\[2mm] \dfrac{1}{(3p_1+1)\beta}\left(\tilde{z}_b^{3p_1+1}-1\right) & \lambda\neq-3 \end{cases}, \quad R_0 = \begin{cases} \dfrac{1}{2\beta}\tilde{z}_b^2 & \lambda=-3 \\[2mm] \dfrac{1}{(1-3p_1)\beta}\left(\tilde{z}_b^{1-3p_1}-1\right) & \lambda\neq-3 \end{cases}$$

$$\tag{2-56}$$

左右手征零模 $\dfrac{\bar{\xi}_{L0,R0}(z)}{\sqrt{\beta}}$（共形坐标下）和 $\dfrac{\mathrm{e}^{-\frac{\sigma}{2}}\xi_{L0,R0}(y)}{\sqrt{\beta}}$（物理坐标下）

随参数 λ（$\lambda<-\dfrac{3}{2}$）的变化如图 2-4（b）、图 2-5 及图 2-6 所示。从这些图中，能够得到左右手征零模非常有趣的性质。

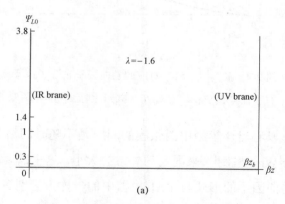

（a）

图 2-5　解一（2-52）对应的左手征零模
$\Psi_{L0}=\bar{\xi}_{L0}/\sqrt{\beta}$（共形坐标 z）图像

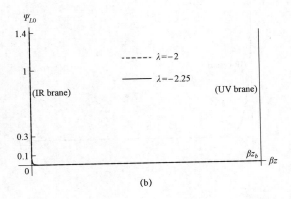

(b)

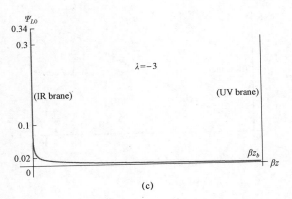

(c)

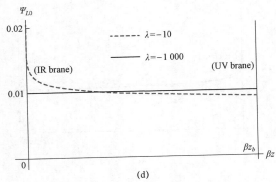

(d)

图 2-5　解一（2-52）对应的左手征零模

$$\Psi_{L0} = \bar{\xi}_{L0} / \sqrt{\beta}\text{（共形坐标 } z\text{）图像（续）}$$

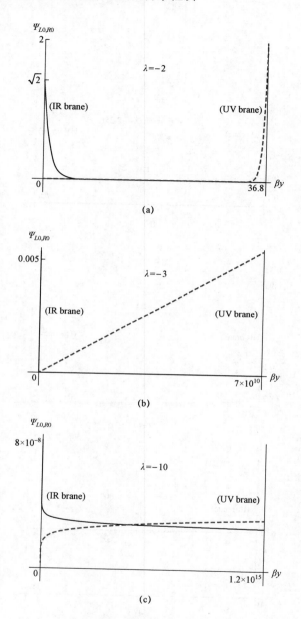

图 2-6　解一（2-52）对应的物理坐标下左右手征零模 $\Psi_{L0}=\bar{\xi}_{L0}/\sqrt{\beta}$ （实线）、

$\Psi_{R0}=\bar{\xi}_{R0}/\sqrt{\beta}$ （断线）

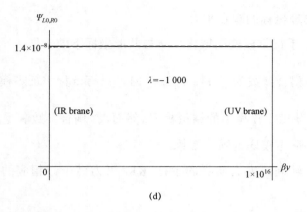

(d)

图 2-6 解一（2-52）对应的物理坐标下左右手征零模 $\Psi_{L0} = \bar{\xi}_{L0}/\sqrt{\beta}$ （实线）、

$\Psi_{R0} = \bar{\xi}_{R0}/\sqrt{\beta}$ （断线）（续）

● 从共形坐标的观点来看：

➤ 随着 βz 的增加，左手零模急剧变成零（如图 2-5 所示）。而且随着 βz 的增加，左手零模的这种衰减变得缓慢，其零点值随着参数 $|\lambda|$ 的增加也增加，直到参数 $\lambda \lesssim -50$。当耦合参数满足 $-50 \lesssim \lambda < -\dfrac{3}{2}$ 时，左手零模局域在红外膜附近（z+0）；而当耦合参数满足 $\lambda \lesssim -1000$ 时，左手零模沿额外维是均匀分布的。

➤ 当耦合参数 $|\lambda|$ 稍小于 3/2 时，右手零模在红外膜（z+0）的位置处的值为零，在靠近紫外膜时其值急剧增加。这种变化趋势是在耦合参数为 $-2.25 < \lambda < -\dfrac{3}{2}$ 的范围之内；当耦合参数 $\lambda = -2.25$ 时，增长趋势是线性的，如图 2-4（b）所示。因此，右手零模在耦合参数为 $-2.25 \lesssim \lambda < -3/2$ 的范围内局域在红外膜附近。随着耦合参数的继续减小，即当 $\lambda < 50$ 时，该模式在红外膜附近的值沿额外维坐标的增加急剧增加，在紫外膜附近的值的增加较为平缓。耦合参数为 $\lambda \lesssim -1000$ 时，右手零模沿额外维是均匀分布的，这与左手零模一样。

● 从物理坐标的观点来看：

➤ 左右手征零模的局域化性质与共形坐标下的一样。

结论：耦合参数为 $-50 \leqslant \lambda \leqslant -\dfrac{3}{2}$ 时，只有一种手征零模能局域在红外膜上，这与 RS1 模型中的结论相同。然而，在耦合参数满足 $\lambda \lesssim -1\,000$ 时，左右手征零模均为同一常数。

下面，转向研究有质量的手征 KK 引力微子。相应的有效势函数（2-30）为

$$V_{L,R}^{(1)} = \frac{3(3p_1 \mp 2)p_1 \beta^2}{4(1+\beta\,|\,z\,|)^2} \pm \frac{3\beta p_1[\delta(z)-\delta(z-z_b)]}{1+\beta\,|\,z\,|} \qquad （2\text{-}57）$$

有质量的手征 KK 引力微子的通解为

$$\bar{\xi}_{Ln}(z) = \frac{1}{N_n}(M_{0,-\lambda p_1}(\bar{z}_n) + c(m_n)W_{0,-\lambda p_1}(\bar{z}_n)) \qquad （2\text{-}58）$$

$$\bar{\xi}_{Rn}(z) = \frac{1}{N_n}(M_{0,-p_2}(\bar{z}_n) + c(m_n)W_{0,-p_2}(\bar{z}_n)) \qquad （2\text{-}59）$$

其中 $M_{a,b}(z)$ 和 $W_{a,b}(z)$ 为两种惠泰克函数且

$$\bar{z}_n \equiv \frac{2im_n}{\beta}(1+\beta\,|\,z\,|), \quad p_2 \equiv \frac{1+6p_1}{2} \qquad （2\text{-}60）$$

这里，需要指出两个系数 N_n 和 $c(m_n)$ 对于左右手有质量的 KK 模式是相同的，因为 $\bar{\xi}_{Ln,Rn}$ 满足一阶耦合方程（2-29）。边界条件（2-24）将会给出系数 $c(m_n)$ 和质量谱 m_n，正交归一化条件（2-33）则固定系数 N_n。由公式（2-24）可以给出引力微子场的有质量的左右手征 KK 模式的两类边界条件：$\bar{\xi}_{Ln}(z)|_{0,z_b} = 0$ 或 $\bar{\xi}_{Rn}(z)|_{0,z_b} = 0$。首先，考虑第一种边界条件 $\bar{\xi}_{Ln}(z)|_{0,z_b} = 0$，即有质量的左手 KK 引力微子满足狄利克雷边界条件，则右手模式在边界处满足：$\partial_z \bar{\xi}_{Rn}(z)|_0 = -3\beta p_1 \bar{\xi}_{Rn}(0)$，$\partial_z \bar{\xi}_{Rn}(z)|_{z_b} = \dfrac{3\beta p_1}{\bar{z}_b}\bar{\xi}_{Rn}(z_b)$。故而，质量谱 m_n 由下列方程给出

$$\frac{2^{-p_2}\Gamma(\lambda p_1)\sqrt{z_0}I_{\lambda p_1}(z_0)}{W_{0,\lambda p_1}(2z_0)}=\frac{1}{4\lambda p_1}\frac{M_{0,\lambda p_1}(\overline{z}_b)}{W_{0,\lambda p_1}(\overline{z}_b)},\qquad（2\text{-}61）$$

这里　$I_\nu(x)$　虚宗量的 ν 阶贝塞尔函数，$z_0\equiv\dfrac{im_n}{\beta}$、

$\overline{z}_b\equiv\dfrac{2im_n}{\beta}(1+\beta|z_b|)$。在极限 $\dfrac{m_n}{\beta}\ll1\ll\beta z_b$ 下，方程（2-63）的左边近似为零，所以四维引力微子的 KK 质量谱为

$$m_n\simeq\frac{\beta x_n}{2(1+\beta z_b)}\simeq\frac{x_n}{2z_b},(n=1,2,\cdots)\qquad（2\text{-}62）$$

其中　x_n　满足　$M_{0,\lambda p_1}(ix_n)=0$。四维引力微子场精确的和近似的 KK 质量谱如图 2-7 所示。从图中看出在长波极限近似下的质量谱与精确谱几乎完全重合，且比较轻的有质量的 KK 模式会随着耦合参数 $|\lambda|$ 的增加而能级降低。相邻两个 KK 模式的质量谱间距（$\Delta m_n\simeq\dfrac{x_{n+1}-x_n}{2}10^{-4}\,\mathrm{eV}$）随着能级的增加而减小；对于较重的 KK 模式质量谱间距将不再改变。而随着非最小耦合参数 $|\lambda|$ 的增加质量谱间距会变小。

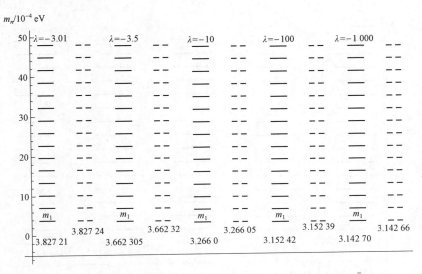

图 2-7　解一（2-52）对应的 KK 引力微子质量谱，其中边界条件为 $\bar{\xi}_{L0}(z)|_{0,z_b}=0$

对于第二种边界条件 $\bar{\xi}_{Rn}(z)|_{0,z_b}=0$，有质量的左手 KK 模式在边界处满足 $\partial_z \bar{\xi}_{Ln}(z)|_0 = 3\beta p_1 \bar{\xi}_{Ln}(0)$ 和 $\partial_z \bar{\xi}_{Ln}(z)|_{z_b} = -\frac{3\beta p_1}{\tilde{z}_b}\bar{\xi}_{Ln}(z_b)$，则左右手征 KK 质量谱 m_n 由下列方程决定

$$\frac{2^{p_2-5\lambda p_1}\Gamma(1-\lambda p_1)\sqrt{z_0}I_{1-\lambda p_1}(z_0)}{W_{0,1-\lambda p_1}(2z_0)} = \frac{1}{4(1-\lambda p_1)}\frac{M_{0,1-\lambda p_1}(\bar{z}_b)}{W_{0,1-\lambda p_1}(\bar{z}_b)}$$

（2-63）

第一种解的情况下，满足第二种边界条件所对应的左右手征 KK 质量谱随耦合参数 λ 的变化如图 2-8 所示，其中，边界条件为 $\bar{\xi}_{Rn}(z)|_{0,z_b}=0$，参数设为：$\beta=10^{12}$ eV，$z_b=10^4$ eV^{-1}，耦合参数分别取为 $\lambda=-3.01,-3.5,-10,$ $-100,-1\,000$。可以看出，最轻的 KK 模式的质量会随着参数 $|\lambda|$ 的增加而增加，这与第一种边界条件所得到的结论刚好相反。满足第二种边界条件时，相邻的两个 KK 模式的质量谱间距（Δm_n）随着能级 n 和耦合参数 $|\lambda|$ 变化趋势一样。这里，仅仅给出了耦合参数为 $\lambda=-3.5$ 时两种不

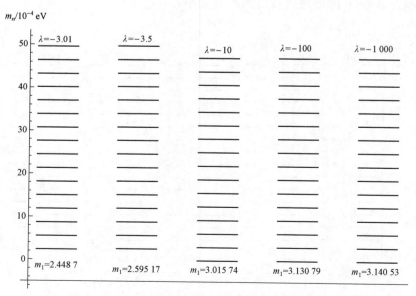

图 2-8　解一（2-52）对应的有质量的 KK 引力微子的质量谱

同的边界条件所对应的有质量的左右手征 KK 模式，如图 2-9 和 2-10 所示。在图 2-9 中，边界条件为 $\bar{\xi}_{Ln}(z)|_{0,z_b}=0$，耦合参数为 $\lambda=-3.5$，相应的质量谱分别为：$m_1=3.66\times10^{-4}$ eV（断线），$m_2=6.83\times10^{-4}$ eV（粗线），$m_3=9.99\times10^{-4}$ eV（细线）。在图 2-10 中，边界条件为 $\bar{\xi}_{Rn}(z)|_{0,z_b}=0$，耦合参数为 $\lambda=-3.5$，相应的质量谱分别为：$m_1=2.59\times10^{-4}$ eV（断线），$m_2=5.71\times10^{-4}$ eV（粗线），$m_3=8.85\times10^{-4}$ eV（细线）。

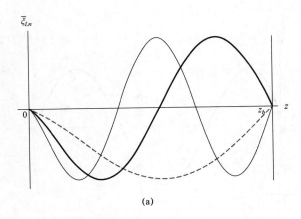

(a)

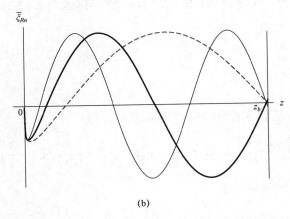

(b)

图 2-9　解一（2-52）对应的三个较低能级的有质量的 KK 模式 $\bar{\xi}_{Ln,Rn}$ ①

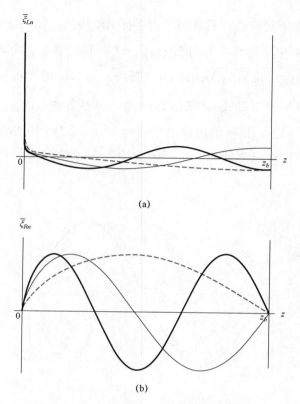

(a)

(b)

图 2-10 解一（2-52）对应的三个较低能级的有质量的 KK 模式 $\bar{\xi}_{Ln,Rn}$ ②

2.3.2 解二

标量张量模型中的另一膜世界解满足方程

$$\dot{\sigma}=\frac{3+4\lambda}{6}\dot{\phi}, \quad \ddot{\phi}=\left(\frac{3}{2}+\lambda\right)\dot{\phi}^2, \quad \left(\lambda\neq-\frac{3}{2}, \quad \lambda\neq-\frac{3}{4}\right) \quad （2-64）$$

则该解中卷曲因子为

$$\mathrm{e}^{-2\sigma}=(1+\beta\,|\,z\,|)^{\frac{2(3+4\lambda)}{9+6\lambda}}, \quad \left(-\frac{3}{2}<\lambda<-\frac{3}{4}\right) \quad （2-65）$$

故而物理坐标 y 和共形坐标 z 之间的关系为

$$y = \int_0^z e^{-\sigma} dz = \frac{9+6\lambda}{2(6+5\lambda)\beta} \left[(1+\beta|z|)^{\frac{2(6+5\lambda)}{9+6\lambda}} - 1 \right] \qquad （2\text{-}66）$$

且左右手征零模 $\bar{\xi}_{L0,R0}$ 的形式如下

$$\bar{\xi}_{L0}(z) = \frac{1}{\sqrt{L_0}}(1+\beta|z|)^{\frac{3+4\lambda}{6+4\lambda}}, \bar{\xi}_{R0}(z) = \frac{1}{\sqrt{R_0}}(1+\beta|z|)^{-\frac{3+4\lambda}{6+4\lambda}} \qquad （2\text{-}67）$$

其中非最小耦合参数 λ 影响额外维的大小，这与第一种膜世界解的情况类似。卷曲因子和左右手征零模如图 2-11 所示，其中耦合参数取为：$\lambda = -0.98$（细线）、$\lambda = -1$（粗线）。

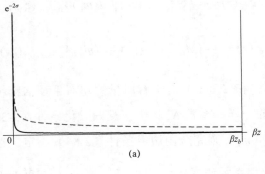

(a)

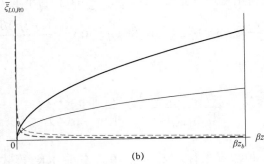

(b)

图 2-11　标量张量膜世界模型中，解二（2-65）对应的卷曲因子 $e^{-2\sigma}$ 和
左右手征零模 $\bar{\xi}_{L0}$（断线）、$\bar{\xi}_{R0}$（实线）

需要注意：正如前面所表述的，当考虑边界条件（2-25）时，只存在一种局域在膜上的手征零模。该膜世界（2-65）的情况下，有效势函数（2-30）为

$$V_L^{(2)} = \frac{3(3p_1-2)p_1\beta^2}{4(1+\beta|z|)^2} - (3p_1-2)\beta\frac{\delta(z)-\delta(z-z_b)}{1+\beta|z|} \qquad (2\text{-}68)$$

$$V_R^{(2)} = \frac{(3p_1-2)(3p_1-4)\beta^2}{4(1+\beta|z|)^2} + (3p_1-2)\beta\frac{\delta(z)-\delta(z-z_b)}{1+\beta|z|} \qquad (2\text{-}69)$$

这里，对于两种膜世界解薛定谔方程中的有效势函数（2-58）和（2-70）在参数 $p_1+1/3$ 时，完全相同，这就意味着两种膜世界解具有相同的时空几何构形。

有质量的左右手征 KK 引力微子 $\bar{\xi}_{Ln,Rn}$ 的通解如下

$$\bar{\xi}_{Ln}(z) = \frac{1}{N_n}\{M_{0,-\lambda p_1}(\bar{z}_n) + d(m_n)W_{0,-\lambda p_1}(\bar{z}_n)\}, \qquad (2\text{-}70)$$

$$\bar{\xi}_{Rn}(z) = \frac{1}{N_n}\{M_{0,-(1+\lambda p_1)}(\bar{z}_n) + d(m_n)W_{0,-(1+\lambda p_1)}(\bar{z}_n)\}, \qquad (2\text{-}71)$$

其中系数 N_n 和 $d(m_n)$ 对于有质量的左右手征 KK 模式完全相同。同上一小节中的一样，系数 N_n 将由正交归一化条件（2-33）给出，质量谱 m_n 和系数 $d(m_n)$ 则完全由边界条件（2-34）决定。首先，考虑左手 KK 模式满足狄利克雷边界条件，即 $\bar{\xi}_{Rn}|_{0,z_b}=0$，右手 KK 模式在边界处满足 $\partial_z\bar{\xi}_{Ln}(z)|_0 = -(2-3p_1)\beta\bar{\xi}_{Ln}(0)$ 和 $\partial_z\bar{\xi}_{Ln}(z)|_{z_b} = \frac{(2-3p_1)\beta}{\tilde{z}_b}\bar{\xi}_{Ln}(z_b)$。则相应的 KK 质量谱 m_n 为

$$\frac{M_{0,-(1+\lambda p_1)}(2z_0)}{W_{0,-(1+\lambda p_1)}(2z_0)} = \frac{M_{0,-(1+\lambda p_1)}(\bar{z}_b)}{W_{0,-(1+\lambda p_1)}(\bar{z}_b)} \qquad (2\text{-}72)$$

而对于第二种边界条件：$\bar{\xi}_{Ln}|_{0,z_b}=0$，右手 KK 模式在边界处满足 $\partial_z\bar{\xi}_{Rn}(z)|_0 = (2-3p_1)\beta\bar{\xi}_{Rn}(0)$ 和 $\partial_z\bar{\xi}_{Rn}(z)|_{z_b} = -\frac{(2-3p_1)\beta}{\tilde{z}_b}\bar{\xi}_{Rn}(z_b)$，则质量谱 m_n 由下列方程给出

$$\frac{M_{0,-\lambda p_1}(2z_0)}{W_{0,-\lambda p_1}(2z_0)} = \frac{M_{0,-\lambda p_1}(\bar{z}_b)}{W_{0,-\lambda p_1}(\bar{z}_b)} \qquad (2\text{-}73)$$

该膜世界解中两种边界条件所对应的四维引力微子 KK 质量谱的数值结果如图 2-12 所示，其中参数设为：$\beta = 10^{12}$ eV，$z_b = 10^4$ eV^{-1}，耦合参数分别取为 $\lambda = -1, -1.35, -1.42, -1.43, -1.45$。两种边界条件下，最轻的 KK 引力微子的质量会随着耦合参数 $|\lambda|$ 的增加而增大。此外，两个相邻的 KK 引力微子的质量谱间距 Δm_n 随着 $|\lambda|$ 的降低而变小，对于比较重的 KK 引力微子，质量谱间距将不会随着耦合参数的改变而变化。由质量谱

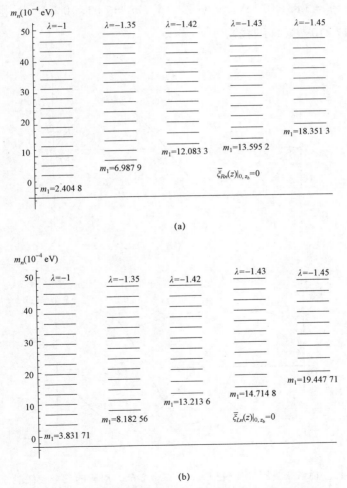

图 2-12　标量张量膜世界模型中解二（2-65）的情形下，
两种边界条件对应的有质量引力微子的质量谱

图 2-7、2-10 和 2-11，可以得出如下结论：从四维有质量的 KK 引力微子的质量谱来看，两种膜世界解在物理上是不等价的。这里，仅仅展示了当耦合参数为 $\lambda = -1$ 时不同边界条件下的三个最低能级的左右手征 KK 模式，如图 2-13 和 2-14 所示[37]。图 2-13 中的耦合参数取为 $\lambda = -1$，相应的质量谱为：$m_1 = 2.41 \times 10^{-4} \text{eV}$（断线），$m_2 = 5.56 \times 10^{-4} \text{eV}$（粗线），$m_3 = 8.70 \times 10^{-4} \text{eV}$（细线）。图 2-14 中的耦合参数取为 $\lambda = 1$，相应的质量谱为：$m_1 = 3.83 \times 10^{-4} \text{eV}$（断线），$m_2 = 7.02 \times 10^{-4} \text{eV}$（粗线），$m_3 = 10.17 \times 10^{-4} \text{eV}$（细线）。

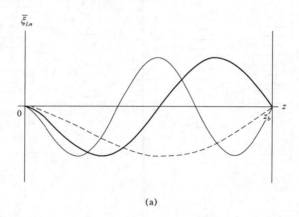

(a)

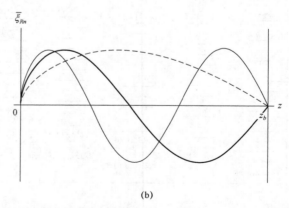

(b)

图 2-13 标量张量膜世界模型中，解二（2-65）对应的三个较低能级的
有质量的 KK 模式 $\bar{\xi}_{Ln,Rn}$，其中边界条件为 $\bar{\xi}_{Rn}(z)|_{0,z_b} = 0$

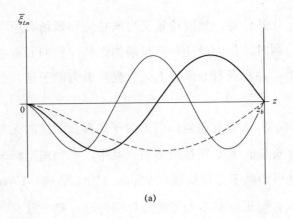

(a)

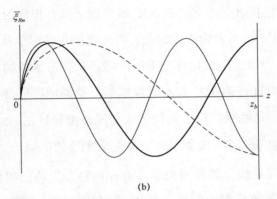

(b)

图 2-14　标量张量膜世界模型中，解二（2-65）对应的三个较低能级的

有质量的 KK 模式 $\bar{\xi}_{Ln,Rn}$，其中边界条件为 $\bar{\xi}_{Ln}(z)|_{0,z_b}=0$

2.4　本章小结

在本章中，主要研究了对于额外维具有 S^1/Z_2 拓扑结构的这一类薄膜世界模型——RS 和标量张量模型中引力微子场的局域化问题。首先，简单介绍了引力微子场的相关性质并给出了其形式上的场方程和局域化条件。可以看出引力微子场的一些性质与狄拉克费米场类似，比如场方

程和正交归一化条件等。然而该场又与狄拉克费米场有所区别，它是一种旋矢量场，同时具备旋量场和矢量场的性质。我们着重考虑了这种场的局域化性质，并发现四维薄膜上无质量的引力微子场具有非常丰富的特性。

对于 RS 模型，五维有质量的引力微子场存在膜上的无质量手征模式以及一系列有质量的 KK 手征束缚态。其中，在物理坐标下，膜上的无质量左右手征引力微子分别局域在 Planck 膜（UV 膜：$y=0$）和 TeV 膜（IR 膜：$y=y_b$）附近。然后当考虑边界条件时，膜上只有一种无质量的手征模式。并且有质量的左右手 KK 引力微子具有相同的质量谱，且谱间距约为 3 TeV。这里尤为注意的是，物理坐标和共形坐标下，有质量的左右手 KK 引力微子局域化性质不同。即，从共形坐标的观点来看，一些有质量的较低能级的 KK 左右手模式都不能局域在任何一张膜附近；而物理坐标下，这些手征模式均局域在束缚态都局域在 IR 膜附近。上述引力微子场的性质与 RS 模型中的狄拉克费米场的类似。

对于标量张量膜世界模型来说，存在两种非平庸的膜世界解。在解一的情况下，若该模型中的耦合参数 $|\lambda|$ 不是很大，或解二中耦合参数 $|\lambda|-3/4 \gg 0$ 时，膜上的无质量左右手征引力微子分别局域在 Planck（IR 膜：$y=0$）和 TeV（UV 膜：$y=y_b$）附近。而这两种解对应的四维有质量 KK 引力微子场的质量谱和局域化性质完全不一样，且 KK 质量谱间距非常小，约为 10^{-4} eV。对于解一的情形，若边界条件为 $\bar{\xi}_{Ln}(z)|_{0,z_b}=0$ 时，最低能级的 KK 引力微子质量 m_1 会随着耦合参数 $|\lambda|$ 的增大而减小；若边界条件为 $\bar{\xi}_{Rn}(z)|_{0,z_b}=0$ 时，m_1 会随着 $|\lambda|$ 的增大而增大。然而对于解二中的两种不同的边界条件，m_1 随耦合参数 $|\lambda|$ 的变化趋势相同。对于解一的情形，只有当边界条件为 $\bar{\xi}_{Rn}(z)|_{0,z_b}=0$ 时，一些低能级的有质量 KK 左手模式可以局域在 IR 膜附近，除此之外其他情况下的有质量 KK 左右手均不能局域在任何一张膜附近。

参考文献

[1] CHUN E J, KIM H B, KIM J E. Dark matter in axino-gravitino cosmology [J]. Physical Review Letters, 1994, 72(12): 1956.

[2] VIEL M, LESGOURGUES J, HAEHNELT M G, et al. Constraining warm dark matter candidates including sterile neutrinos and light gravitinos with WMAP and the Lyman-alpha forest [J]. Physical Review D, 2005, 71(6): 063534.

[3] STEFFEN F D. Gravitino dark matter and cosmological constraints [J]. Journal of Cosmology and Astroparticle Physics, 2006, 2006(9): 001.

[4] PANOTOPOULOS G. Gravitino dark matter in brane-world cosmology [J]. Journal of Cosmology and Astroparticle Physics, 2007, 2007(5): 016.

[5] DING R, LIAO Y. Spin 3/2 particle as a dark matter candidate: an effective field theory approach [J]. Journal of High Energy Physics, 2012, 2012(4): 054. [arXiv:1201.0506].

[6] SAVVIDY K G, VERGADOS J D. Direct dark matter detection: A spin 3/2 WIMP candidate [J]. Physical Review D, 2013, 87(7): 075013.

[7] SINHA K. Higgsino dark matter and the cosmological gravitino problem [C]//AIP Conference Proceedings. 2013, 1534(1): 146.

[8] FENG J L, KAMIONKOWSKI M, LEE S K. Light gravitinos at colliders and implications for cosmology [J]. Physical Review D, 2010, 82(1): 015012. [arXiv:1004.4213].

[9] SHIRAI S, YANAGIDA T. A test for light gravitino scenario at the LHC [J]. Physics Letters B, 2009, 680(5): 351.

[10] DE GOUVEA A, MOROI T, MURAYAMA H. Cosmology of

supersymmetric models with low-energy gauge mediation [J]. Physical Review D, 1997, 56(3): 1281.

[11] OKADA N, SETO O. Brane world cosmological solution to the gravitino problem [J]. Physical Review D, 2005, 71(2): 023517.

[12] TAKAYAMA F, YAMAGUCHI M. Gravitino dark matter without R-parity [J]. Physics Letters B, 2000, 485(3-4): 388. [hep-ph/0005214].

[13] ARNOLD P, SZEPIETOWSKI P, VAMAN D. Gravitino and other spin-3/2 quasinormal modes in Schwarzschild-AdS spacetime [J]. Physical Review D, 2014, 89(4): 046001. [arXiv:1311.6409].

[14] PIEDRA O P F. Gravitino perturbations in Schwarzschild black holes [J]. International Journal of Modern Physics D, 2011, 20(1): 93.

[15] YALE A, MANN R B. Gravitino tunneling from black holes [J]. Physics Letters B, 2009, 673(1): 168.

[16] KHLOPOV M Y, BARRAU A, GRAIN J. Gravitino production by primordial black hole evaporation and constraints on the inhomogeneity of the early universe [J]. Classical and Quantum Gravity, 2006, 23(6): 1875. [astro-ph/0406621].

[17] KHLOPOV M Y, BARRAU A, GRAIN J. Gravitino production by primordial black hole evaporation and constraints on the inhomogeneity of the early universe [J]. Classical and Quantum Gravity, 2006, 23(6): 1875.

[18] BAJC B, GABADADZE G. Localization of matter and cosmological constant on a brane in anti-de Sitter space [J]. Physics Letters B, 2000, 474(3-4): 282-291.

[19] ODA I. Localization of bulk fields on AdS4 brane in AdS5 [J]. Physics Letters B, 2001, 508(1-2): 96.

[20] GHERGHETTA T, POMAROL A. A warped supersymmetric standard

model [J]. Nuclear Physics B, 2001, 602(1-2): 3-22. [hep-ph/0012378].

[21] ODA I. Localization of gravitino on a brane [J]. Progress of Theoretical Physics, 2001, 105(3): 667-681. [hep-th/0008134].

[22] LIU Y X, ZHAO L, DUAN Y S. Localization of fermions on a string-like defect [J]. Journal of High Energy Physics, 2007, 2007(4): 097. [hep-th/0701010].

[23] LEE H M, PAPAZOGLOU A. Gravitino in six-dimensional warped supergravity [J]. Nuclear Physics B, 2008, 792(1-2): 166-188. [arXiv:0705.1157].

[24] HEWETT J L, SADRI D. Supersymmetric extra dimensions: Gravitino effects in selectron pair production [J]. Physical Review D, 2004, 69(1): 015001. [hep-ph/0204063].

[25] RANDALL L, SUNDRUM R. Large mass hierarchy from a small extra dimension [J]. Physical Review Letters, 1999, 83(23): 3370-3373.

[26] YANG K, LIU Y X, ZHONG Y, et al. Gravity localization and mass hierarchy in scalar-tensor branes [J]. Physical Review D, 2012, 86(12): 127502.

[27] GHERGHETTA T, POMAROL A. Bulk fields and supersymmetry in a slice of AdS [J]. Nuclear Physics B, 2000, 586(1-2): 141-162.

[28] BERGSHOEFF E, KALLOSH R, VAN PROEYEN A. Supersymmetry in singular spaces [J]. Journal of High Energy Physics, 2000, 2000(10): 033.

[29] ALTENDORFER R, BAGGER J, NEMESCHANSKY D. Supersymmetric Randall-Sundrum scenario [J]. Physical Review D, 2001, 63(12): 125025. [hep- th/0003117].

[30] ALONSO-ALBERCA N, MEESSEN P, ORTIN T. Supersymmetric brane worlds [J]. Physics Letters B, 2000, 482(1-4): 400-406. [hep-th/

0003248].

[31] FALKOWSKI A, LALAK Z, POKORSKI S. Supersymmetrizing branes with bulk in five-dimensional supergravity [J]. Physics Letters B, 2000, 491(3-4): 172-178. [hep-th/0004093].

[32] RANDALL L, SUNDRUM R. An alternative to compactification [J]. Physical Review Letters, 1999, 83(23): 4690-4693.

[33] KALUZA T. On the problem of unity in physics [J]. Sitzungsber. Preuss. Akad. Wiss. Berlin (Math. Phys. K), 1921, 1: 966.

[34] ARKANI-HAMED N, DIMOPOULOS S, DVALI G. The hierarchy problem and new dimensions at a millimeter [J]. Physics Letters B, 1998, 429(3-4): 263-272.

[35] XIE Q Y, ZHAO Z H, ZHONG Y, et al. Localization and mass spectra of various matter fields on scalar-tensor brane [J]. Journal of Cosmology and Astroparticle Physics, 2015, 2015(3): 014.

[36] GOLDBERGER W D, WISE M B. Modulus stabilization with bulk fields [J]. Physical Review Letters, 1999, 83(24): 4922-4925.

[37] DU Y Z, ZHAO L, ZHOU X N, et al. Localization of gravitino field on branes [J]. Annals of Physics, 2018, 388: 69-88.

第 3 章　KR 场在对称与非对称厚膜上的共振态

本章节中，重点研究 KR 场在对称与非对称厚膜模型中的束缚态以及准束缚态（共振态），并通过相对概率法和转移矩阵法来计算 KR 场的共振态。

3.1　对称与非对称厚膜模型

考虑五维时空中由单一标量场产生的厚膜，其作用量如下

$$S_B = \int d^5x \sqrt{-g} \left[\frac{1}{2\kappa_5^2} R - \frac{1}{2} g^{MN} \partial_M \phi \partial_N \phi - U(\phi) \right] \tag{3-1}$$

这里 $\kappa_5^2 = 8\pi G_5$，G_5 是牛顿引力常数，$U(\phi)$ 是标量场势函数。为了方便我们取 $\kappa_5 = 1$。五维时空的线元为

$$ds^2 = e^{2A(z)}(\eta_{\mu\nu} dx^\mu dx^\nu + dz^2) \tag{3-2}$$

假设标量场和卷曲因子都仅仅是额外维坐标 z 的函数，由作用量（3-1）和度规（3-2），场方程为

$$\phi'^2 = 3(A'^2 - A'') \tag{3-3}$$

$$V(\phi) = \frac{3}{2}(-3A'^2 - A'')e^{-2A}, \tag{3-4}$$

$$\frac{\mathrm{d}V(\phi)}{\mathrm{d}\phi} = (3A'\phi' + \phi'')e^{-2A}, \tag{3-5}$$

这里 "'" 表示对额外维坐标 z 求导。接下来,考虑 AdS 时空背景下的静态双膜模型。文章[1,2]给出,若五维时空中的背景标量势函数取如下形式

$$V(\phi) = \frac{3}{2}\lambda^2 \sin^{2-\frac{2}{s}}(\phi/\phi_0)\cos^2(\phi/\phi_0) \times [2s - 1 - 4\tan^2(\phi/\phi_0)], \tag{3-6}$$

则可以得到一族具有两个参数的对称双膜解

$$e^{2A} = \frac{1}{[1 + (\lambda z)^{2s}]^{\frac{1}{s}}} \tag{3-7}$$

$$\phi = \phi_0 \arctan(\lambda z)^s \tag{3-8}$$

其中 $\phi_0 = \frac{\sqrt{3(2s-1)}}{s}$,$s = 1, 3, 5, \cdots$,参数 λ 是正的实数。该解代表了一族静态的对称单膜($s = 1$)或静态的对称双膜($s > 1$),且时空是渐近 AdS_5 的,宇宙学常数为 $-6\lambda^2$。文章[3]中也给出了相似的解。

从上述的对称解形式出发,文章[4,5]作者给出了五维时空中一族三参数的非对称厚膜解,形式如下

$$\phi = \phi_0 \arctan(\lambda z)^s \tag{3-9}$$

$$e^{2A} = \frac{1}{[1 + (\lambda z)^{2s}]^{\frac{1}{s}} G(z)^2} \tag{3-10}$$

$$U(\phi) = -\frac{3}{4}\sin^2(\phi/\phi_0)\tan^{-\frac{2}{s}}(\phi/\phi_0)K(\phi) \times$$

$$\{16a\tan^{\frac{1}{s}}(\phi/\phi_0) + \cos^{-\frac{2}{s}}(\phi/\phi_0)[5 - 2s - (3 + 2s)$$

$$\cos(2\phi / \phi_0)]K(\phi)\} - 6a^2\cos^{\frac{2}{s}}(2\phi / \phi_0) \tag{3-11}$$

其中 $_2F_1$ 是合流超几何函数。

$$G(z) \equiv 1 + az_2F_1(1/2s, 1/s, 1+1/2s, -(\lambda z)^2 s) \tag{3-12}$$

$$K(\phi) \equiv \lambda + a\tan^{\frac{1}{s}}\left(\frac{\phi}{\phi_0}\right)_2F_1\left(\frac{1}{2s}, \frac{1}{s}, 1+\frac{1}{2s}, -\tan^2\left(\frac{\phi}{\phi_0}\right)\right) \tag{3-13}$$

参数 a 可以描述该解的非对称性，被称为非对称因子，满足如下关系

$$0 \leqslant a < \frac{2s\lambda\Gamma(1/s)}{\Gamma(1/2s)^2} \tag{3-14}$$

考虑极限 $a \to 0$，当参数 s 取值为 1 时，该模型可退化为类 RS 薄膜模型[6,7]。当 $a > 0$、$s > 1$ 时，上述解为非对称双阱的膜世界解，膜被插入在具有不同真空的 AdS 时空之间。并且当 $s = 1$ 时，厚膜有一个膜；而 $s > 1$，该系统中有两个子膜。因此，这些厚膜具有非常丰富的内部结构。在该模型中，标曲率 R 和能量密度 ρ 为

$$R = -\frac{40a(\lambda z)^{2s}}{z(1+(\lambda z)^{2s})}G(z) - \frac{20a^2}{(1+(\lambda z)^{2s})^{\frac{1}{s}}} - \frac{4(\lambda z)^{2s}(2-4s+5(\lambda z)^{2s})}{z^2(1+(\lambda z)^{2s})^{2-\frac{1}{s}}}G^2(z) \tag{3-15}$$

$$\rho = -\frac{12a(\lambda z)^{2s}}{z(1+(\lambda z)^{2s})}G(z) - \frac{6a^2}{(1+(\lambda z)^{2s})^{\frac{1}{s}}} - \frac{3(\lambda z)^{2s}(1-2s+2(\lambda z)^{2s})}{z^2(1+(\lambda z)^{2s})^{2-\frac{1}{s}}}G^2(z) \tag{3-16}$$

卷曲因子、背景标量场、标量势函数及能量密度随三个参数的变化如图 3-1 和 3-2 所示。图 3-1 中的参数设为：$\lambda = 1$，$s = 1$（断线），$s = 3$（粗线），$s = 5$（细线），图 3-2 中的参数设为：图 3-2（a）、3-2（b）、3-2（d）和 3-2（e）中，$s = 1$（断线）、$s = 3$（粗线）、$s = 5$（细线）；图 3-2（c）和 3-2（f）中，$\lambda = 1$（断线）、$\lambda = 2$（粗线）、$\lambda = 3$（细线）。从图 3-1 和图 3-2 中很明显可以看出，单膜位于 $z+0$ 处；而双膜的两个子膜分别在 $z = \pm 1/\lambda$ 处，且双膜的厚度为 $2/\lambda$。更多的细节可以参阅文章［5］。

膜世界中物质场的局域化及黑洞的热力学性质

下面主要研究该模型中厚膜的非对称性对 KR 场共振态的影响。

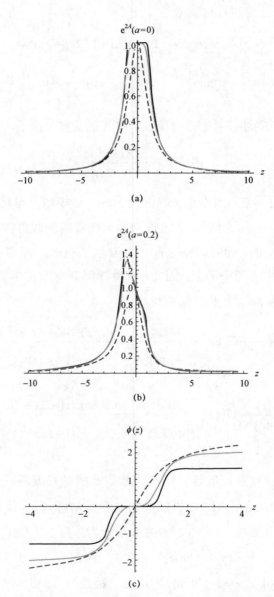

图 3-1 非对称参数取 $a = 0, 0.2$ 时的卷曲因子 e^{2A} 和背景标量场 $\phi(z)$ 的图像

58

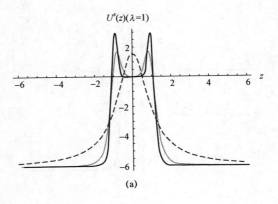

(a)

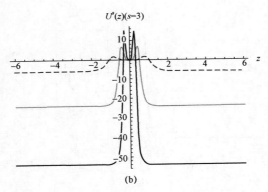

(b)

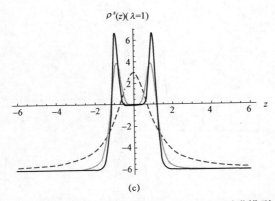

(c)

图 3-2 对称（$a=0$）和非对称（$a=0.2$）厚膜模型中，
背景标量势函数 $U(z)$ 及能量密度 $\rho(z)$ 图像

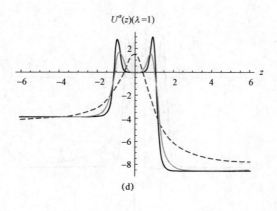

(d)

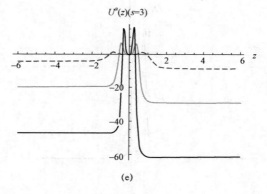

(e)

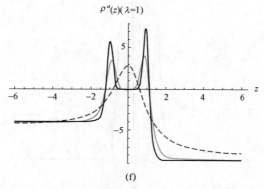

(f)

图 3-2　对称（$a=0$）和非对称（$a=0.2$）厚膜模型中，
背景标量势函数 $U(z)$ 及能量密度 $\rho(z)$ 图像（续）

3.2　KR 场在对称和非对称厚膜上的局域化

在现代理论物理和弦论中，Kalb-Ramond（KR）场，又称为 NS-NS B-场，是一种 2-形式量子场，即带有两个指标的全反对称张量场。该场被认为是电磁势的推广，区别在于带有两个指标。这种差异是基于这一事实：电磁势沿粒子的一维世界线的积分只是作用量的一部分，而 KR 场必须是沿弦的二维世界面积分的。尤其是，带电粒子在电磁场运动的形式为 $-q\int \mathrm{d}x^{\mu}A_{\mu}$；而弦与 KR 场耦合的形式为 $-\int \mathrm{d}x^{\mu}\mathrm{d}x^{\nu}B_{\mu\nu}$。这一项意味着弦论中的基本弦是 NS-NS B-场的源，就像带电粒子是电磁场的源一样。KR 场、度规张量场及伸缩子场都是被作为闭弦的无质量激发粒子。弦理论已经告诉我们，在四维时空中通过对偶[8]（一种对称性），KR 场可以等效为标量场或矢量场。然而在额外维理论中，KR 场可能代表一种新型的粒子。因此，考虑这种场在膜世界中的局域化性质。自由的 KR 场不能被局域在嵌入五维时空中的四维膜上[9]。在文章［10-12］中，作者表明若 KR 场与伸缩子场之间存在耦合，则可以使其局域在膜上。这里，考虑 KR 场与背景标量场存在某种耦合形式，从而使该场在一定的条件下实现局域化。

五维时空中，KR 场与背景标量场之间存在耦合，其作用量形式为

$$S_{KR} = \int \mathrm{d}^5 x \sqrt{-g}(f(\phi)H_{MNL}H^{MNL}), \qquad (3\text{-}17)$$

这里，$H_{MNL} = \partial_{[M}B_{NL]}$ 是场强张量，$f(\phi)$ 是耦合函数。我们引入这种形式的耦合是因为五维时空中自由的 KR 场是不能被束缚在膜上的[9,10]。由作用量（3-17）和度规（3-2）可知，KR 场的运动方程为

$$f(\phi)\partial_{\mu}(\sqrt{-g}H^{\mu\nu\lambda}) + \partial_z(\sqrt{-g}f(\phi)H^{z\nu\lambda}) = 0, \qquad (3\text{-}18)$$

$$f(\phi)\partial_\mu(\sqrt{-g}H^{\mu\nu z}) = 0 \qquad (3\text{-}19)$$

接下来研究该的 KK 模式，因为这些 KK 模式不仅代表四维的 KR 场，而且还携带有额外维的信息。首先，选取规范 $B_{\mu z} = 0$，将场做 KK 分解

$$B^{\nu\lambda}(x,z) = \sum_n b_{(n)}^{\nu\lambda}(x)\chi_n(z)\mathrm{e}^{pA(z)} \qquad (3\text{-}20)$$

其中 p 是耦合常数。则场强为

$$H_{\mu\nu\lambda} = \sum_n \mathrm{e}^{4A} h_{\mu\nu\lambda(n)}(x)\chi_n(z)\mathrm{e}^{pA} \qquad (3\text{-}21)$$

其中 $h_{\mu\nu\lambda(n)}(x) = \partial_{[\mu}b_{\nu\lambda](n)}(x)$ 是膜上的场强。若选取耦合函数为 $f(\phi(z)) = \mathrm{e}^{(-7-2p)A(z)}$，并将场的分解（3-21）代入运动方程（3-18），则 KK 模式 $\chi_n(z)$ 满足类薛定谔方程

$$\left[-\frac{\mathrm{d}^2}{\mathrm{d}z^2} + V(z)\right]\chi_n(z) = m_n^2 \chi_n(z) \qquad (3\text{-}22)$$

这里 m_n 是四维 KR 场第 n 个 KK 模式的质量，有效势函数 $V(z)$ 的形式如下

$$V(z) = (4+p)^2 A'^2(z) - (4+p)A''(z) \qquad (3\text{-}23)$$

考虑方程（3-22）中 $m_n^2 = 0$，零模波函数 $\chi_0(z)$ 为

$$\chi_0 \propto \mathrm{e}^{(4+p)A} \qquad (3\text{-}24)$$

由超对称量子力学知识，将类薛定谔方程（3-22）改写为

$$Q^*Q\chi_n(z) = \left[-\frac{\mathrm{d}}{\mathrm{d}z} + (4+p)A'(z)\right]\left[\frac{\mathrm{d}}{\mathrm{d}z} + (4+p)A'(z)\right]\chi_n(z) = m_n^2\chi_n(z)$$

$$(3\text{-}25)$$

可以排除质量平方为负的 KK 态，从而保证了该模型是稳定的。此外，为了得到 KR 场的四维有效作用量

$$S_{KR} = \sum_n \int \mathrm{d}^4 x \{h_{\mu\nu\lambda(n)}(x)h_{(n)}^{\mu\nu\lambda}(x) + 3m_n^2 b_{\nu\lambda(n)}(x)b_{(n)}^{\nu\lambda}(x)\} \qquad (3\text{-}26)$$

需要如下的正交归一化条件

$$\int_{-\infty}^{\infty} dz \chi_n(z) \chi_l(z) = \delta_{nl} \qquad （3-27）$$

由此条件可以检验 KR 场的 KK 模式是否能局域在对称与非对称厚膜上。

3.2.1　KR 场在对称厚膜上的局域化

首先，我们考虑 KR 场在对称的厚膜（$a+0$）上的局域化情况。为了排除质量平方为负的 KK 模式，我们选取耦合函数为 $f(\phi) = e^{(-7-2p)A}$。因此，对于对称的厚膜情况，耦合函数为

$$f(\phi) = [1 + \tan^2(\phi / \phi_0)]^{\frac{7+2p}{2s}} \qquad （3-28）$$

将卷曲因子（3-7）代入方程（3-24）中，则零模波函数转化为

$$\chi_0^s(z) \propto [1 + (\lambda z)^{2s}]^{\frac{4+p}{2s}} \qquad （3-29）$$

对于 $p = -4$ 的情形，零模波函数具有两种形式：$\chi_0 = C_1 z + C_0$ 和 $\chi_0 = C_0$，其中 C_1，C_0 为常数。这些解均为非物理的，它们的模平方沿额外维的积分是发散的。然而当 $p < -4$ 时，零模波函数 χ_0 在无穷远处趋于零，即：$\chi_0(z)|_{z \to \pm \infty} = 0$。运用正交归一化条件（3-27）来判别零模是否能被局域在膜上。由于

$$I \equiv \int_{-\infty}^{\infty} (\chi_0^s)^2 dz \propto \int_{-\infty}^{\infty} [1 + (\lambda z)^{2s}]^{\frac{4+p}{s}} dz \qquad （3-30）$$

且 $z \to \infty$ 时，$I \to \int_{-\infty}^{\infty} (\lambda z)^{2(4+p)}$。很明显地看出，当 $p < -9/2$，该积分有限。所以零模可以被局域在对称的厚膜上的条件是：$p < -9/2$。薛定谔方程中的有效势函数是对称的，可化为

63

$$V^s(z) = (4+p)(\lambda z)^{2s} \frac{(3+p)(\lambda z)^{2s} + (2s-1)}{z^2[1+(\lambda z)^{2s}]^2} \qquad (3\text{-}31)$$

考虑其渐近行为：当 $z \to \infty$ 时，$1+(\lambda z)^{2s} \to (\lambda z)^{2s}$，有效势为

$$V^s(z \to \infty) \to \frac{(4+p)(3+p)}{z^2} + \frac{(4+p)(2s-1)}{z^2(\lambda z)^{2s}} \to 0 \qquad (3\text{-}32)$$

当 $z \to 0$ 时，$1+(\lambda z)^{2s} \to 1$，有效势为

$$V^s(z \to 0) \to \frac{(4+p)(3+p)(\lambda z)^{4s}}{z^2} +$$
$$\frac{(4+p)(2s-1)(\lambda z)^{2s}}{z^2} \to \begin{cases} \lambda^2(4+p) & s=1 \\ 0? & s>1 \end{cases} \qquad (3\text{-}33)$$

图 3-3 给出了对称的有效势函数 $V^s(z)$ 随参数（s、p、λ）的变化趋势，其中，参数设为：图 3-3（a）中，$s=1$（断线）、$s=3$（粗线）、$s=7$（粗线）；图 3-3（b）中，$p=-5$（断线）、$p=-6$（粗线）、$p=-7$（粗线）；图 3-3（c）中，$\lambda=1$（断线）、$\lambda=2$（粗线）、$\lambda=3$（粗线）。由此，可以看出 $V^s(z)$ 是一个火山势。对于 $s+1$，火山势有一个阱；而当 $s \geqslant 3$ 时，有两个阱，有效势函数 $V^s(z)$ 中两个阱最小值之间的距离会随着 s 的增加而增大。参数 p 主要影响有效势的深度，p 越大，势阱越深。而势阱的

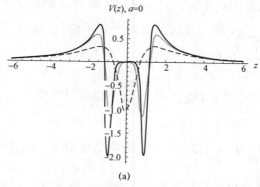

(a)

图 3-3　对称（$a=0$）情形下有效势函数 $V^s(z)$ 图像

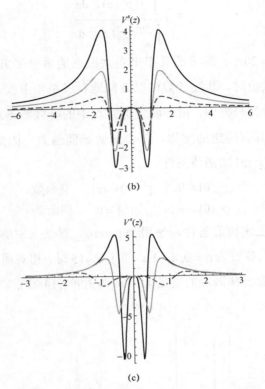

(c)

图 3-3　对称（$a=0$）情形下有效势函数 $V^s(z)$ 图像（续）

宽度则主要由参数 λ 决定，随着 λ 的增大，势阱变得越来越窄。对于这样形状的势，存在零模和连续的有质量 KK 模式（非束缚态），也许存在一些共振态（准束缚态）。共振态指的是有质量的 KK 模式，且在穿过势垒时将会发生隧穿效应，即其能量会急剧衰减，而不同的共振态其衰减的时间（膜上存活的时间）也将不同。

　　接下来，用相对概率的算法来寻找对称厚膜情况下的共振态。在文章 [13-15] 中，作者认为在膜的附近，即额外维坐标范围 $-z_b < z < z_b$ 之内，有质量的 KK 模式的概率为 P，而大的 P 则意味着共振态的存在。相对概率 P 的定义如下

$$P = \frac{\int_{-z_b}^{z_b} |\chi_n(z)|^2 \, dz}{\int_{z_{max}}^{-z_{max}} |\chi_n(z)|^2 \, dz} \quad\quad （3\text{-}34）$$

其中 $z_{max} = 20z_b$。这里需要指出当共振态的质量平方 m^2 远大于有效势 $V^s(z)$ 的最大值时，其波函数可以近似地看成是平面波，相应的相对概率 P 趋于 0.2。另一方面，由于薛定谔方程中的有效势是对称的，所以共振态的波函数具有确定的宇称，即奇函数或偶函数。因此，我们可以对共振态波函数 $\chi_n(z)$ 加初值条件

$$\chi_n(0) = 0, \quad\quad \chi_n'(0) = c_0, \quad 奇函数 \quad\quad （3\text{-}35）$$

$$\chi_n(0) = c_1, \quad\quad \chi_n'(0) = 0, \quad 偶函数 \quad\quad （3\text{-}36）$$

然后考虑上述初值条件，使用 Numerov 算法来求解方程（3-22）。图 3-4 给出了当参数为 $a=0, \lambda=1, s=3, p=-15$ 时，相对概率 P 随着 m^2 变化的图像，相应的共振态的质量为：$m_n^2 = 3.997, 14.223, 27.353, 40.84$。

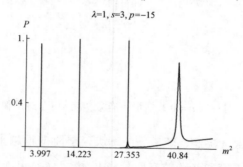

图 3-4　对称（$a=0$）情形下，共振态的相对概率 P 图像

3.2.2　KR 场在非对称厚膜上的局域化

这一部分考虑非对称厚膜（$a \neq 0$）的情况。非对称的有效势函数为

$$
\begin{aligned}
V^a(z) = {}& (4+p)(\lambda z)^{2s} \frac{(3+p)(\lambda z)^{2s} + (2s-1)}{z^2[1+(\lambda z)^{2s}]^2} + \\
& (4+p)(3+p)\frac{G'^2}{G^2} + (4+p)\frac{G''}{G} + \frac{2(4+p)^2(\lambda z)^2 G'}{z[1+(\lambda z)^{2s}]G}
\end{aligned}
\quad\quad （3\text{-}37）
$$

这也是个类火山势。同理，该模型中存在零模和连续的有质量 KK 模式，也有可能存在 KK 共振态。考虑卷曲因子（3-10），则零模波函数为

$$\chi_0^a(z) \propto [1+(\lambda z)^{2s}]^{\frac{4+p}{2s}} G^{4+p}(z) \qquad (3\text{-}38)$$

由零模的正交归一化条件得

$$I^a = \int_{-\infty}^{\infty} [\chi_0^a(z)]^2 \, \mathrm{d}z \propto [G_{0_\pm}]^{2(4+p)} \times I, \ |z| \to \infty \qquad (3\text{-}39)$$

其中 $G_{0_\pm} = 1 \pm \dfrac{a\Gamma\left(\dfrac{1}{2s}\right)\Gamma\left(\dfrac{1}{2s}+1\right)}{\lambda\Gamma\left(\dfrac{1}{s}\right)}$ （ $z \to \pm\infty$ ），是个常数。因此非对

称厚膜情况下，零模局域化条件与对称厚膜的相同，即： $p < -9/2$ 。接下来分析非对称厚膜情况下 KR 场的共振态。由于薛定谔方程中的有效势函数不再是对称的，那么相应的波函数也没有确定的宇称。在求解二阶微分方程（3-22）时，初值条件（3-35）不再适用。因此相对概率的算法不再适用于求解非对称厚膜情况下的共振态。接下来，我们用转移矩阵法。在文章 [16-18] 中，作者用该算法来研究 RS 膜上各种物质场的局域化。这里用这种算法来求解 KR 场在非对称厚膜上的共振态。在这个算法中，透射系数定义为

$$T = \frac{k_1}{k_N} \frac{1}{|M_{22}|^2} \qquad (3\text{-}40)$$

其中 N 是透射系数矩阵 $\boldsymbol{M}_i$ 的数目，$\boldsymbol{M}_i$ 是个 2×2 的矩阵，$\boldsymbol{M}$ 是 N 个透射系数矩阵的乘积。而系数 k_1 和 k_N 的关系式如下

$$\frac{k_1}{k_N} = \sqrt{\frac{|V_1 - E_n|}{|V_N - E_n|}} \qquad (3\text{-}41)$$

其中 $E_n = m_n^2$ 是粒子的"能量"。这里需要指出，对称势满足 $V_1 = V_N$ ，

则对称势函数的透射系数变为：$T = \dfrac{1}{|M_{22}|^2}$。

与相对概率 P 一样，对于给定的有效势函数，透射系数 T 仅由质量平方 m^2 决定，可以看作是 m^2 的函数 $T(m^2)$。同理，若透射系数 $T(m^2)$ 在某个 m^2 处有一个极大值，则在此处发现膜上有质量的 KK 模式的概率比较高，故该 KK 模式称为共振态。透射系数 T 可以清晰地解释平面波与膜之间的相互作用，无论膜是否是对称的。本节采用转移矩阵算法来求解对称与非对称厚膜上 KR 场的共振态，并比较对称情况下该算法得到的共振态和相对概率算法得到的共振态。这里，参数设定为：$N \sim 10^4 + 1$、$V_1 = V(-z_{\max})$、$V_N = V(z_{\max})$ 及 $z_{\max} = 20$。图 3-5 中给出了参数为 $a = 0$，$\lambda = 1, s = 3, p = -15$ 时的透射系数 $T(m^2)$。对比图 3-4，发现对于对称的厚膜，两种算法得到的共振态一样。事实上，相对概率 P 和投射系数 T 具有相同的物理意义，即：他们都表明平面波与膜的相互作用。故此，对于给定的有效势，由两种算法得到的共振态也理应一样。为了研究非对称性对于共振态的影响，画出了非对称有效势函数随非对称参数 a 的变化如图 3-6 所示，参数 s 取值为：$s = 1$、$s = 3$ 和 $s = 5$。相应的透射系数 $T(m^2)$ 的对数在这些图中给出。表 3-1 中列出了共振态的质量谱，其中参数设为：$p = -30$，$\lambda = 1$。

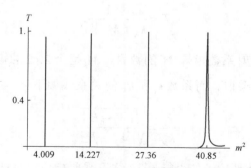

图 3-5　对称（$a = 0$）情形下，KR 场有质量的 KK 模式的透射系数 T 图像

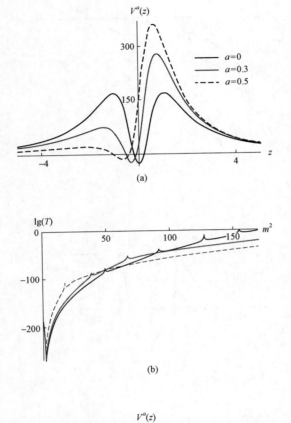

(a)

(b)

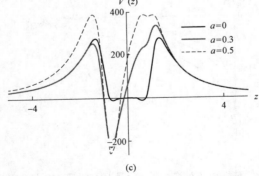

(c)

图 3-6 对称和非对称厚膜上，不同参数下 KR 场有质量的
KK 模式透射系数 T 的对数图像

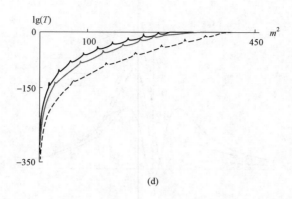

(d)

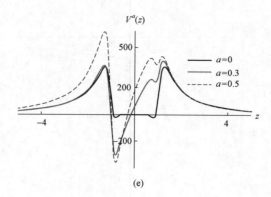

(e)

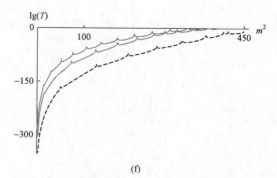

(f)

图 3-6　对称和非对称厚膜上，不同参数下 KR 场有质量的
KK 模式透射系数 T 的对数图像（续）

表 3-1　对称与非对称厚膜上 KR 场共振态的质量谱

$a=0$ （m_n^{s2}）			$a=0.3$ （m_n^{a2}）			$a=0.5$ （m_n^{a2}）		
$s=1$	$s=3$	$s=5$	$s=1$	$s=3$	$s=5$	$s=1$	$s=3$	$s=5$
49.08	5.64	14.27	38.24	32.16	14.99	17.28	70.15	50.40
91.74	20.07	31.03	66.8	85.17	74.13	-	139.3	128.6
127.40	40.27	52.32	-	132.3	126.9	-	200.6	198.1
-	64.14	77.68		174	174.7	-	254.9	259.8
-	91.16	107.1	-	210.3	217.3	-	303.4	316.2
-	121.1	138.8	-	239.1	254.1	-	346.2	366.8
-	152.3	174.2	-	-	277.3	-	379.5	405
-	184.8	211.3	-	-	305.2	-	-	416.1
-	217.1	250	-	-	339	-	-	-
-	247.5	289.2	-	-	-	-	-	-
-	-	326.4	-	-	-	-	-	-

从共振态表 3-1 和透射系数图 3-6 中，可以得出如下结论[19]：

●　对于 $s=1$ 和 $s=5$，与对称的情况 $a=0$ 相比较，非对称厚膜上共振态的数目少。并且随着非对称因子 a 的增加，共振态的数目减少。

●　然而，对于参数 s 取值为 3 时的情形，非对称因子 $a=0.3$ 的共振态数目是最少的（相比于 a 取其他值的情况）。因此，共振态数目随非对称因子 a 的变化并不是单调的。

由此可看出，共振态的数目的变化与非对称因子 a 的变化并不一致，而是有效势函数的非对称程度决定共振态的数目，即：对称性越高，共振态越多。有效势函数的非对称性越高，共振态越少。如图 3-6 所示，对于 $s=3$ 的势函数图像，当非对称因子 a 取为 0.3 时，势函数的非对称程度相比于参数 a 取为 0.5 时的情形比较高，故而 $a=0.3$ 时的共振态最少。

3.3 本章小结

本章节中，研究了五维时空中与背景标量场存在耦合（ $f(\phi(z)) = e^{(-7-2p)A(z)}(p < -9/2)$ ）的 KR 场在对称与非对称厚膜上的局域化问题。首先简单地回顾了 AdS_5 时空背景下由单一标量场所构造的厚膜模型，该模型中，存在一族两参数（ s 和 λ ）的对称厚膜解以及三参数（ s、λ 和 a ）的非对称厚膜解，其中参数 a 为非对称因子，用来描述膜世界解的非对称性。而厚膜的厚度由参数 λ 决定。对于 $s = 1$ 的情况，这两族解都代表单膜；当 $s > 1$（且 s 为正的奇数）时，这两族解都表示存在两个子膜。通过考虑了一种特殊耦合函数形式，给出 KR 场所满足的类薛定谔方程，从而通过薛定谔方程中的有效势函数的性质来描述四维有质量的 KK 模式；由于参数 s、λ 和 p 以及背景时空决定有效势函数，故而我们也给出了这些参数对四维有质量的 KK 模式的影响。结果表明，对于对称与非对称厚膜来说，五维时空中与背景标量场存在特殊耦合的 KR 场的有效势是个类火山势，即额外维坐标趋于无穷时，势函数趋于零。因此，该系统中存在膜上无质量的 KR 场以及一些有质量的 KK 模式（称之为共振态）。通过计算，当参数 s 有限时，可得到局域在对称与非对称厚膜上的无质量的 KR 场。而对于有质量的 KK 模式，研究了 KR 场的共振态，并给出了相应的图像。从共振谱图中，可以看出 s 有限时，KR 场的共振态数目会随着参数 λ 的增加、或 p 的减少而增加。在所有参数相同情况下，共振态的数目不会发生改变，唯一的差异就是相较于对称厚膜，非对称厚膜上的 KR 场的 KK 共振谱存在偏离。到此，对 KR 场在对称与非对称厚膜上的局域化性质有了一个全面的了解。

参考文献

[1] BAJC B, GABADADZE G. Localization of matter and cosmological constant on a brane in anti de sitter space [J]. Physics Letters B, 2000, 474: 282-291.

[2] GUERRERO R, MELFO A, PANTOJA N. Self-gravitating domain walls and the thin wall limit [J]. Physical Review D, 2002, 65(12): 125010.

[3] BAZEIA D, FURTADO C, GOMES A. Brane structure from scalar field in warped space-time [J]. Journal of Cosmology and Astroparticle Physics, 2004, 0402: 002.

[4] LIU Y X, FU C E, ZHAO L, et al. Localization and mass spectra of fermions on symmetric and asymmetric thick branes [J]. Physical Review D, 2009, 80(6): 065020.

[5] GUERRERO R, RODRIGUEZ R O, TORREALBA R. de sitter and double asymmetric brane worlds [J]. Physical Review D, 2005, 72(12): 124012.

[6] GREMM M. Four-dimensional gravity on a thick domain wall [J]. Physics Letters B, 2000, 478: 434.

[7] L. RANDALL AND R. SUNDRUM, Large mass hierarchy from a small extra dimension, Phys. Rev. Lett. 83 (1999) 3370.

[8] QUEVEDO F, KRIPPENDORF S, SCHLOTTERER O. Cambridge lectures on supersymmetry and extra dimensions [R]. 2010.

[9] Cruz W T, Tahim M O, Almeida C A S. Scalar and tensor gauge field

localization on deformed thick branes [J]. arXiv preprint arXiv:0906. 1850, 2009.

[10] TAHIM M, CRUZ W, ALMEIDA C. Tensor gauge field localization in branes [J]. Physical Review D, 2009, 79(8): 085022.

[11] CHRISTIANSEN H, CUNHA M. Kalb-Ramond excitations in a thick-brane scenario with dilaton [J]. European Physical Journal C, 2012, 72: 1942.

[12] FU C E, LIU Y X, GUO H. Bulk matter fields on two-field thick branes [J]. Physical Review D, 2011, 84(4): 044036.

[13] ALMEIDA C A S, CASANA R, FERREIRA M M, et al. Fermion localization and resonances on two-field thick branes [J]. Physical Review D, 2009, 79(12): 125022.

[14] LIU Y X, FU C E, ZHAO L, et al. Localization and mass spectra of fermions on symmetric and asymmetric thick branes [J]. Physical Review D, 2009, 80(6): 065020.

[15] LIU Y X, YANG J, ZHAO Z H, et al. Fermion localization and resonances on a de Sitter thick brane [J]. Physical Review D, 2009, 80(6): 065019.

[16] LANDIM R, ALENCAR G, TAHIM M, et al. A transfer matrix method for resonances in Randall-Sundrum models [J]. Journal of High Energy Physics, 2011(8): 071.

[17] LANDIM R, ALENCAR G, TAHIM M, et al. A transfer matrix method for resonances in Randall-Sundrum models II: The deformed case [J]. Journal of High Energy Physics, 2012(2): 073.

[18] ALENCAR G, LANDIM R R, TAHIM M O, et al. A transfer matrix

method for resonances in Randall-Sundrum models III: An analytical comparison [J]. Journal of High Energy Physics, 2013(1): 050.

[19] Du Y Z, Zhao L, Zhong Y, et al. Resonances of Kalb-Ramond field on symmetric and asymmetric thick branes [J]. Physical Review D, 2013, 88(2): 024009.

第 4 章　黑洞热力学简介

20 世纪 60 年代以来，黑洞这一特殊天体引起了众多科学家们的关注，这一被广义相对论预言的星空怪物成为了使用广义相对论和量子力学研究恒星演化问题的必然命题。从 2019 年公布的第一张黑洞照片到 2022 年由事件视界望远镜拍摄的黑洞照片，再到近年来大量探测到的双黑洞合并事件都在一定程度上证明了黑洞的存在和广义相对论的有效性，极大激发了科学家们的研究兴趣。

4.1　黑洞的理论基础

4.1.1　黑洞的探索

1783 年，剑桥的约翰·米歇尔提出理论：一个质量足够大且密度足够大的恒星会有强大到连光线都无法逃逸的引力场，任何恒星表面发出的光都无法抵达远处就被它的引力吸引回来[1]。虽然因为光无法传播过来使得不能观测到它，但可以通过观测它们的引力作用从而确定它们的存在，他称之为"暗星"，即如今所说的黑洞的雏形。1796 年，皮埃尔·西蒙·拉普拉斯在牛顿的框架下也提出了与约翰·米歇尔类似的结论。在牛顿的框架下，这一结论具有相当的理论缺陷。1916 年，爱因斯坦发表了广义相对论，以此为基础，史瓦西得出了史瓦西半径作为爱因斯坦场静态球对称完全解。在 1928 年，天体物理学家萨拉玛尼安·钱德拉塞卡发现，由于恒星中的粒子最大速度被相对论限制为光速，当恒星的密度足够大时，泡利不相容原理提供的排斥力就会达到它的极限值，这一数值小于它自身的万有引力。随后计算出了钱德拉塞卡极限（一个质量约为 $3+10^{30}$ kg 的冷恒星便不能抵抗自身引力）。随后他推论，当有一个即将耗尽的恒星其质量比钱德拉塞卡极限还大时，它会爆炸或抛出足够的质量物质使得自己的质量减少，直到钱德拉塞卡极限以下，从而避免引力引起的塌缩[2]。然而由于大多数科学家的敌意，他放弃了这方面的进一步工作。之后的 1967 年约瑟琳·贝尔发现的不断发射出无线电波规则脉冲的物体为黑洞探索注入了一剂强心剂。1970 年，美国自由号卫星发现了位于天鹅座 X-1 上的比太阳重三十多倍的巨大蓝色星球被一个重约十个太阳的无法观测到的物体牵引着，科学家们一直认为这个物体就是人类一直没有发现的黑洞。

黑洞之所以被称为"黑"是因为其拥有事件视界，在其内不存在任何定义，即使是光线也无法逃脱，因此称为"黑"，就如同单行道一般，只能进而不能出。但在 2014 年，为了解决黑洞防火墙悖论，霍金提出"灰洞"理论，认为事件视界并不是黑洞的边界，黑洞就如同一个灰色地带，可以在宇宙中通过吸积作用吸收物质信息 也能向外辐射信息。同为 2014 年，美国物理教授劳拉·梅尔西尼—霍顿称恒星最后灭亡时会发生膨胀爆炸从而消失在宇宙中，不会出现黑洞这种天体。然而短短三年后的 2017 年，美国科学家发现了一个超大质量黑洞。2017 年全球各地的八个射电观测台模拟组成了一台行星规模的天文观测设备，名为"事件视界望远镜"，目标便是人马座 A 星系的黑洞和 M87 星系黑洞。北京时间 2019 年 4 月 10 日 21 时，全球多个天文学家同时公布了 M87 星系中心的质量约为太阳的 65 亿倍的黑洞照片，人类得以一窥黑洞"真容" [3]。这是对于爱因斯坦广义相对论的一个巨大支持，证明其理论在此条件下依然符合。北京时间 2021 年 3 月 24 日晚 10 点，中国科学家参与的事件视界望远镜合作组织公布偏振光下的超大质量黑洞影像，这也是人类第一次在接近黑洞边缘处测得表征磁场特征的偏振信息，对于解释黑洞向外传播能量具有关键意义。广义相对论与黑洞广义相对论的基本假设之一，就是物质分布影响时空的弯曲情况，在牛顿引力理论完全无法解释黑洞问题的情况下，这一以爱因斯坦方程描述的动力学假设成为了研究黑洞的最佳武器，随着史瓦西等人的研究，广义相对论成为了受广大科学家认可，经过不断的补充研究，最后形成了成熟的现代引力理论体系[4]。

黑洞的产生过程与中子星的诞生具有相同之处：都是由于恒星的自灭，核心因为重力而快速收缩塌陷，其中伴随着剧烈的爆炸。被压缩到一定的密度的同时将内部的空间和时间也压缩了。而黑洞的不同之处在于恒星核心质量太大，即使已经将物质都压缩成中子，它的收缩过程也不会停止，所以中子也被引力所碾碎，直到收缩成一个密度高到无法想象的物质，以至于高密度物质形成的引力连光线都无法逃脱。于是黑洞就诞生了。简单来说，恒星最开始内部只有氢元素，它们相互碰撞发生聚变从而产生新的元素（同时聚变产生的能量与恒星的万有引力相对抗），直到聚变生成铁元素时，由于铁元素稳定，聚变产生的能量小，使得聚变停止，恒星内部能量便不足以与恒星巨大的万有引力相对抗，使得恒星坍塌。当它塌缩到临界点（史瓦西半径）时，其质量导致强大的时空扭曲，使得光内折极强，以至于光也无法逃脱。根据相对论，没有物体能比光速更快，所以所有物体都无法逃逸出黑洞的事件视界。因为这一性质，当物质进入黑洞的引力区域时，会被加速并且在黑洞的事件视界中快速运动，直到被黑洞吞噬。在此过程中，物质会受到极端的引力压缩，从而高速旋转，产生高能辐射和强烈的磁场。黑洞强大的引力作用将周围的气体都聚拢过去，这个过程被称为"黑洞吸积"。由于气体有一定的角动量，气体下落过程会形成如同行星轨道平面一样的盘，也就是黑洞吸积盘。现今已经观测到了两种辐射效率高低不同的黑洞吸积盘[5]（辐射效率较高的薄盘以及较低的厚盘）。吸积盘是一个相对较小的区域，在这个区域内物质以极高的速度运动。由于吸积盘在转动，所以它将不断地向外抛出物质，这将形成一个巨大的喷流。黑洞的周围存在着两个不同的区域，在这两个区域之间存在着一种"势能"，即黑洞拥有一个对外部宇宙具有吸引力的"势能"。这个势能是由黑洞对物质和辐射的吸引而产生的。这种吸积盘能够不断地吞噬物质，并将其转变为气体，从吸积盘中抛出，形成一个巨大的喷流。当这个喷流被喷出黑洞时，它会在黑洞周围形成一个强大的引力场，它将阻止任何物质向外逃逸。当物质被黑洞吸积时，其动能会转化为内能，即物质温度上升，进行吸积加热过程，在此过程中其自身会发生电离辐射等复杂物理现象使得吸积盘放射出大量辐射，如可见光、X 射线、射电波等[6]。例如在 2022 年 12 月 4 日英国《自然》和《自然·天文学》杂志共同发表论文，报道了一次罕见的天文学奇观——潮汐瓦解事件（TDE）的观测结果，同时探测到有物质喷流以接近光速的速度从黑洞中"飞奔"而出。就是一颗恒星被黑洞的巨大引力瓦解落在吸积盘上的过程[7]。黑洞吸积是天体物理中的一个重要基本物理过程，是了解一些天体物理现象的重要基础，例如活动星系核、黑洞 X 射线双星和伽马射线暴等系统。以及对于研究行星恒星形成、星系团中的制冷流等天体物理过程有重要作用。

4.1.2 黑洞辐射及蒸发

霍金根据计算得出黑洞本身如同一个热体一样以刚好防止热力学第二定律被违反的正确速率发射粒子[8]。那么已知任何东西都无法从黑洞的事件视界中逃逸出来,它是如何发射粒子的呢?根据量子理论给出的回答,粒子不是从事件视界中出来的,而是从事件视界外的空间而来。由于黑洞引力很强,在其中的粒子能量甚至可以为负,带有负能量的虚粒子落到黑洞里可能变成实粒子或实反粒子。这种情况下,它不需要和另一粒子互相湮灭,就可以作为实粒子或实反粒子从黑洞邻近逃走,即黑洞发射出粒子。黑洞越小,负能虚粒子在变成实粒子之前必须走的距离越短,黑洞发射率和表现温度也就越大[9]。所以黑洞的温度和辐射成正比,和质量成反比,质量越小的黑洞其辐射越大,即质量最小的微型黑洞其温度越高,蒸发越快。对于微型黑洞来说,它的温度能达到千万开之高,随着蒸发的加剧,质量丢失越快,温度越高,这个过程会不断滚动,直到黑洞被完全摧毁,以猛烈的爆炸结束。而对于那些巨型黑洞乃至在宇宙极早期阶段由于无归性引起的塌缩而形成的质量极小的太初黑洞来说,它的蒸发过程就漫长多了,假设宇宙能一直膨胀下去那么它们最终也会被蒸发掉,但目前还是吸积远大于蒸发,只有等宇宙温度降低比它们温度还低时,它们才开始以蒸发为主。若要等到它们完全蒸发,需要的时间比宇宙年龄还要长。

4.1.3 黑洞阴影、喷流

黑洞本身是一个相当特殊的天体,人类无法直接观测到它,因此科学家们只能对它的内部结构和性质提出各种猜想。无法观测的原因主要在于时空的弯曲,由于黑洞周围的巨大引力场,即使是黑洞背后的恒星发出的光也会有一部分通过弯曲的空间绕过黑洞抵达地球,就像黑洞不存在一样。甚至有许多并不是朝向地球发出的光由于黑洞的强引力折射而到达地球,这样我们不仅能看到黑洞后的恒星,连黑洞侧面甚至后面都能观测到,即"引力透镜"效应。而一部分光受黑洞影响而未能进入观测者眼中，从而在观者视野里生成了灰暗区域，该区域叫作黑洞阴影[10]。如果能观察一个黑洞的诞生过程，为了理解方便，要时刻记忆在相对论中没有绝对时间，每位观测者都有一个自己的时间测量。由于恒星上一个人的时间将和远处观测者的时间不同，当恒星表面上人和恒星一起向内塌缩时，他按自己的时间，每秒向着该恒星轨道上的飞船传送一个信号，例如某一时间点恒星刚好塌缩到自己的临界半径以下，此时引力场已经强大到包括光在内的任何一个物体都无法逃逸出去时，他发送的信号也无法再传播出去。于是在观测者视角看来，随着时间接近该时间点，恒星上人发的信号间隔越来越长，虽然在该临界点时间前两秒到前一秒时这个效应还非常微小，但该时间点的信号却永远无法等到了。在观测者看来，该恒星里的光会随着时间接近该时间点而越来越小，最后变得无法看见。而且，在恒星上的人也会因为头部和脚下的引力差而被撕裂（如果黑洞相当大的话，这个时间点会在塌缩到黑洞临界半径后，不然的话，恒星上的人会在临界前被撕裂）。根据广义相对论，在塌缩的终点，在黑洞中心必然存在密度和时空曲率无限大的奇点，但由于引力，奇点发出的任何光或者别的什么信号，都无法到达处于事件视界外的观测者那里，这就是宇宙监督假设：留在黑洞外的观测者不受到奇点处的所发生的可预见性崩溃的影响。喷流，简而言之就是天体附近喷射出的高速物质流，同时具有固定方向、狭长、准直等特点。其常常在吸积过程中诞生于复杂层次天体系统中[11]。黑洞喷流这一壮观的现象曾多次被观测到，例如 M87 中心黑洞喷射出的物质流形成的光柱有数千光年之长。甚至有学者通过观测数据进行分析，认为恒星可以在这种现象中形成。但具体过程也未能观测到。黑洞喷流是黑洞复杂系统中相当壮观的一种现象，在黑洞吸积系统研究中具有相当重要的地位。尽管喷流的具体机制还没有公论，但其与黑洞吸积有着密切关系已然成为了科学家们的共识。理论研究认为喷流的形成应该是由于黑洞附近的磁场，为此许多科学家构建模型来解释喷流与吸积的关系，但由于验证手段的匮乏，依然无法有一个统一认知。

4.1.4　什么是黑洞？

牛顿观点：黑洞是一个质量为 M，半径为 R 的球体，粒子的逃逸速度满足：$v_{\text{esc}}^2 / 2 = GM / R$（由惯性和引力的等效性，该速度与逃逸物体的质量无关）。当球体的半径满足 $R < R_{\text{s}} = 2GM / c^2$ 时，逃逸速度会超光速。其中 R_{s} 称为史瓦西半径。黑洞的分类：① 恒星塌缩形成的黑洞，其半径约为 $R_{\text{s}}(\text{M}_\odot) \sim 3\,\text{km}$。② 星团塌缩形成的黑洞，$R_{\text{s}}(10^9\,\text{M}_\odot) \sim 20\,\text{AU}$。③ 原初黑洞（假设的），$R_{\text{s}}(10^{15}\,\text{M}_\odot) \sim 10^{-13}$。（霍金温度约为 10 MeV；如果原初黑洞是在宇宙极早期形成的，则到现今就会蒸发殆尽。）对于固定密度黑洞，其质量正比于半径的三次方，因此理论上可以获得任意密度的黑洞。对于太阳质量，其临界密度略高于核密度。实际上，一个质量约为 $1.4\,\text{M}_\odot$ 的中子星，其半径约为 10 km，而史瓦西半径约为 4 km，因此它相当于史瓦西的极限。一个由银河系中心 10 亿颗恒星形成的黑洞，其最初的平均密度可能要低于普通物质的平均密度。当然，恒星最终会塌缩，其密度会达到无限。一个基本粒子有可能是黑洞吗？答案是否定的。因为它的康普顿波长远大于它的史瓦西半径（例如，对于质子，$\lambda / R_{\text{s}} \sim 10^{39}$）。这两个长度在多大的 M 下会相等呢？当质量约为普朗克质量，史瓦西半径约为普朗克长度：

$$M_{\text{P}} = (\hbar c / G)^{1/2} \sim 10^{-5}\,\text{gm}\,, \quad E_{\text{P}} = (\hbar c^5 / G)^{1/2} \sim 10^{19}\,\text{GeV}$$

$$L_{\text{P}} = (\hbar G / c^3)^{1/2} \sim 10^{-33}\,\text{cm}$$

接下来，将采用自然单位制：$\hbar = c = G = 1$。

对于一个静态球对称的真空度规，其中最著名的就是史瓦西坐标下

的时空线元[12]

$$ds^2 = \left(1 - \frac{r_s}{r}\right)dt^2 - \left(1 - \frac{r_s}{r}\right)dr^2 - r^2(d\theta^2 + \sin^2\theta d\phi^2) \qquad (4\text{-}1)$$

由于史瓦西的"时间"坐标 t 在事件视界处趋于无穷大，因此这些坐标在那里是奇异的。因此，采用其他穿过视界的坐标通常是非常有用的。其中 Eddington-Finkelstein（EF）坐标就是一个不错的选择，其线元素为[13,14]

$$ds^2 = \left(1 - \frac{r_s}{r}\right)dv^2 - 2dvdr - r^2(d\theta^2 + \sin^2\theta d\phi^2) \qquad (4\text{-}2)$$

$r_s = 2\,GM/c^2$，M 为质量参数。当 $r_s = 0$ 时，对应的是平直时空。上式最后一项的意思是对称球的表面积 $4\pi r^2$。当坐标 v, θ, ϕ 取为常数时，该视界线代表的是入射的径向光线，而出射的径向光线满足：$dr/dv = (1 - r_s/r)/2$。当 $r = r_s$ 时，出射光线消失，它保持恒定的 r 坐标值，这就是事件视界。它是时空中的一部分。当 $r < r_s$ 时，出射光线向内，r 坐标不断减小，并最终为零。当 $r = 0$ 时，时空的曲率发散，它代表时空真正的奇点。当 $r_s > 0$（即如果质量参数为正）时，则奇异性与视界外部的因果关系断开[15]。在这种情形下，时空中存在黑洞。如果质量参数为零，则不存在视界，奇点便成为了裸露的奇点。而关于自然界中不存在裸露奇点的猜想被称为宇宙监督假设[16,17]。这也许是错误的。

4.1.5　黑洞的唯一性

爱因斯坦场方程的稳定、渐近平坦的黑洞解族是非常有限的。这样的时空是一个具有事件视界和 Killing 矢量的时空，它在无穷远处是类时的。静态时空是一个静止的时空，它也具有时间反射对称性。因此，旋转的黑洞是稳态的，但不是静态的，而不旋转的黑洞则是静态的。在各种合理且有充分理由的假设下，已经证明了许多黑洞唯一性定理。度规

（4-2）给出了具有事件视界的唯一静态真空黑洞解：Kerr 解，它是由总质量 M 和角动量 J 来描述的。而包含电磁场在内，具有一个连接分量的视界的唯一静态解是由质量和电荷、磁荷描述的 Reissner-Nordstrom 黑洞解。由于电磁能动张量是对偶旋转不变量，因此度规仅取决于的组合。最后，当考虑角动量时，具有电磁场的稳定的黑洞解是 Kerr-Newman 度规给出的。

4.1.6　正能量定理

广义相对论中孤立系统（渐进平直的）能量可以定义为在无穷远处测量的引力质量乘以光速的平方。这种能量是在无穷远处产生时间平移对称性的哈密顿量的数值，在广义相对论中它是一个守恒量。能量可以是负的，例如，如果我们简单地在爱丁顿－芬克尔斯坦线元素中假设 $r_s < 0$，但这会产生一个赤裸裸的奇点。如果假设：① 时空可以由一个非奇异的柯西曲面跨越，该曲面的唯一边界是在无穷大时；② 物质具有正能量（更准确地说，能动张量满足主导能量条件，对于可对角化能动张量，意味着能量密度大于能动张量的模），则可以证明时空的总能量必然是正的[18,19]。这首先是由 Schoen 和 Yau 以几何的方式证明的，不久之后便由 Witten 以更直接的方式得以证明。而证明的想法来自量子超引力，其中哈密顿量可以写成超对称算符 Q 的函数，它具有明显的正定形式 $H = Q^2$。

Witten 的证明大致如下。能量被写成通量积分的形式，涉及无穷远处度规的一阶导数，该导数取度规中 $1/r$ 项的系数。该能量有时被称为 ADM 质量。然后，使用爱因斯坦方程，将其重新表示为类空柯西面上的体积积分，被积函数包含任意旋量场导数的二次项和物质能量密度的项。如果选择旋量场来满足某个椭圆微分方程，则二次旋量项明显为正。而唯一的零能量解是平直的真空。如果存在黑洞，可以选择柯西面倾斜到事件视界的形成之下，从而避免表面上存在内边界或奇点。或者，位于视界的内部边界的贡献为正。无穷大总能量的正性并不一定意味着系统在崩溃时不能辐射出无穷大的能量，因为辐射的能量和剩余系统的能量都包含在总能量中。一种不同的能量定义，称为邦迪能量，允许人们只评估"剩余"能量。邦迪能量是指在类光方向而非类空方向上传播到无穷远的光线所看到的引力质量。本质上，与前面相同的论点表明，邦迪能量也必然是非负的。因此，只有有限的能量可以被辐射出去。在存在负宇宙学常数的情况下，也证明了一个正能量定理，在这种情况下，时空的渐近结构是反德西特的，而不是平坦的[20-24]。

4.1.7　奇异性定理

有人可能认为，$r = 0$ 时的奇异性只是完美球面对称的假象，在不对称坍缩中，大多数质量会"错过"而不是碰撞，不会产生无限密度或曲率。事实并非如此，一个强有力的证据来自于这样一个事实，即黑洞时空中测试粒子轨道的角动量势垒让位给了纯相对论起源的负 $1/r^3$ 项，当 r 变为零时，该项产生了无限大。彭罗斯证明了事实并非如此。彭罗斯证明的思想建立在被困表面的概念之上。这是一个封闭的、类空的 2 维曲面，其入射和出射的光线都是收敛的。例如，在 Eddington-Finkelstein 坐标系中，当 r 和 v 为常数时的球体如果位于视界线内，则是一个被捕获的曲面。但即使在某种程度上不对称的坍塌中，预计也会形成一个被捕获的表面。Penrose 认为[25,26]，被捕获表面 T 的存在意味着在其未来 F 的边界上存在奇点。（集合的"未来"是该集合中未来的类时间或零曲线可以到达的所有时空点的集合。）他的推理非常粗略：T 的光线开始在任何地方收敛，因此，由于引力是有吸引力的，它们必须继续收敛，并必然到达有限仿射参数中的交叉点（从技术上讲，共轭点）。在到达交叉点之前或到达交叉点时，∂F 必须"结束"（因为边界 ∂F 一定与光锥局部相切），

因此 ∂F 必定是紧致的。对于未来的边界来说，这是一个非常奇怪的结构 T，事实上是与其他合理的时空要求不兼容。唯一的解决办法是，如果至少有一条光线无法延伸到足够远的位置以到达其交叉点。这种不可扩展性就是定理中奇点存在的意义。

爱因斯坦方程只有在确保最初收敛的 T 的零法线必须达到有限仿射参数中的交叉点时才能得到证明。更详细地可以说是涉及广义相对论和黑洞热力学的许多发展中的技术，即聚焦方程（通常称 Raychaudhuri 方程或 Sach 方程，或 Newman-Penrose 方程）。这个方程将光束的聚焦与里奇张量联系起来。考虑一个从类空 2 维曲面的一侧发出的零测地线。定义测地线的收敛性 ρ 为无穷小截面积的分数变化率 δA：$\rho = \mathrm{dln}(\delta A / \mathrm{d}\lambda)$，其中 λ 为类光测地线的放射参数。因此可得

$$\frac{\mathrm{d}\rho}{\mathrm{d}\lambda} = \frac{1}{2}\rho^2 + \sigma^2 + R_{ab}k^a k^b \qquad (4\text{-}3)$$

其中 σ^2 为是同余的剪切张量的（正）平方，k^a 是测地线的切向量。这个聚焦方程表明，一个初始收敛的测地线必须达到一个"交叉点"，即 ρ 发散的点，在提供的有限仿射参数假设 $R_{ab}k^a k^b \geqslant 0$。在平直时空中，这当然是真的，如果 Ricci 张量项为正，只会使它更快地收敛。而 $R_{ab}k^a k^b \geqslant 0$ 的条件等价为爱因斯坦方程中的能量条件 $T_{ab}k^a k^b \geqslant 0$，对于可对角化能动张量，其等价于能量密度加上三个主压力中的任何一个为正的条件。因此，除非由于负能量和/或压力而产生"反引力排斥"，否则必须达到交叉点。彭罗斯定理的一个更精确的说法是，如果存在一个被捕获的表面，并且① 对于类光矢量场，$R_{ab}k^a k^b \geqslant 0$；② 时空流形为 $M = \Sigma \times R$，其中 Σ 为非紧致的、连通的柯西面。后来，霍金和彭罗斯给出了另一个证据，削弱了第二个假设，取而代之的是ⓘ 没有闭合的类时曲线；ⓘⓘ 曲率在某种意义上是"广义的"。

4.1.8 提取能量

黑洞可以作为"催化剂",提取粒子的剩余能量作为有用的功。或者,如果黑洞正在旋转或带电,可以通过经典过程从黑洞本身提取能量。如果包括量子效应,那么事实证明,人们甚至可以从一个不旋转的中性黑洞中提取能量,要么通过霍金辐射让它蒸发,要么通过"挖掘"它。在本节中,考虑其中一些经典的能量提取过程。

● 将质量转化为能量

粒子的整个剩余质量 m 可以作为有用的功通过准静态地将质量降低到黑洞的视界并最终将其放入黑洞来提取。对于方程(4-2)描述的黑洞,这可以理解如下。矢量场 $\xi^\mu = \delta^\mu_\nu$ 是个 Killing 矢量场,对于一个质量为 m 的粒子其相关的守恒量为 $E = m\dot{x}_\mu \xi^\mu$。E 称为 Killing 能量。当坐标 r,θ,和 ϕ 取固定值时,$\dot{x}_\mu = \hat{\xi}^\mu = \xi^\mu / |\xi|$,因此有 $E = |\xi|m$。当 $r \to r_s$,则 Killing 场的模 $|\xi| = (1 - r_s / r)^{1/2}$ 会消失,因此粒子拥有了零 Killing 能量。要将粒子提升回无穷大,需要输入能量 m。相反,在将粒子到达视界时,其所有质量能量都可以作为无穷大的有用功提取出来。如果粒子最后进入视界面,则黑洞质量不变,因为粒子的能量为零。另一方面,Killing 场的能量 E 和一个随动的静态观者(其四速度为)的能量 E_{stat} 之间存在一定的关系:$E_{\text{stat}} = m\dot{x}_\mu \hat{\xi}^\mu$,$E = |\xi|E_{\text{stat}}$。当 $r \gg r_s$ 时,$E \cong (1 - M / r)E_{\text{stat}}$,$E$ 指的是静态能量加上"势能"($-E_{\text{stat}} M / r$)。此外,如果相对于静态观者的速度较小,则 $E_{\text{stat}} \cong m + mv^2 / 2$,$E$ 近似等于剩余质量加牛顿的动能和势能。

● 遍历区域

在爱因斯坦框架下度规描述的视界面上,"时间平移"的 Killing 矢量变为零,在视界内它是类空间的。因此,相关的守恒量是空间动量分量,可以是负的。这在霍金效应中很重要。这种特殊情况也可能发生在视界之外，例如在快速旋转的静止中子星或黑洞周围的时空中。对于恒星来说，这样的场构型通常是不稳定的，所以我们把注意力集中在黑洞上。无穷远处的 Killing 矢量所在的区域变成类空的区域，被称为遍历区域。

- 带电黑洞

如果黑洞是带电的，人们可以通过中和它来从中提取能量。考虑一个质量为 m、电荷为 q 的带电粒子，其运动方程可由拉格朗日量给出 $L = g_{\mu\nu} \dot{x}^\mu \dot{x}^\nu / 2 + q A_\mu \dot{x}^\mu$。共轭动量为 $p_\mu = m \dot{x}_\mu + q A_\mu$。若度规和矢势在 Killing 矢量场的变换下保持不变，则 Killing 矢量场的能量 $E = p_\mu \xi^\mu$ 是个守恒量。现在想象一下，把带电粒子放在黑洞的视界面上。在无穷远处，假设 $A_\mu = 0$，则 $E(\infty) = m$，而在视界面上 $E(r_s) = q\Phi$，其中 Φ 是视界面和无穷远处相应势的差值。若粒子和黑洞带电性相反，则 $E(r_s) < 0$，就会存在一个类似的遍历区域。虽然 Killing 场不是类空的，粒子的四速度也不是类空的，但粒子的四动量是类空的。

无穷远处的和视界面上的能量差值可以通过无穷远处的低能过程提取为有用功。带电粒子进入黑洞内，会改变黑洞的质量和电荷：$\Delta M = q\Phi$ 和 $\Delta Q = q$，因此无穷远处的额外能量 $-q\Phi$ 是以牺牲黑洞的一些质量和电荷为代价的[27]。为了最大限度地提高能量提取的效率，显然应该把带电粒子放在视界面之外。这不会改变黑洞的视界面积，因为粒子的能动张量仍然正比于 $\dot{x}_a \dot{x}_b$，因此 $R_{ab} k^a k^b \propto \dot{x}_a \dot{x}_b k^a k^b + 0$。此时 $\Delta M = \Delta Q \Phi$。

4.1.9 面积定理

在上述中，当黑洞面积不变时会发生最有效的能量提取，而在效率较低的过程中，面积总是增加[28]。霍金证明在相当普遍的假设下，视界面积永远不会减少。霍金定理适用于任意动力学黑洞，需要对其视界进行一般定义。将渐近平直时空中黑洞的未来事件视界定义为类光无穷远未来的过去边界，也就是说，可以与未来时空的偏远地区连通的点集的边界。霍金证明如果 $R_{ab}k^a k^b > 0$，并且没有裸露奇点的存在（即宇宙监督假设成立），未来事件视界的面积不可能小。原因是聚焦方程意味着，如果视界在某个地方收敛，那么它们将到达有限仿射参数中的交叉点。但这样的点不能位于未来的事件视界上（因为视界必须与光锥局部相切），也不能离开视界。唯一剩下的可能性是视界不能延伸到足够远的地方来到达交叉点，也就是说，它们必须达到奇点。这是一个简单的论点，但它并不像人们希望的那样强烈，因为奇点可能不是赤裸裸的，即在无穷远处可见的，我们没有充分的理由去假设不存在有衣服（或几乎没有衣服）的奇点[29]。从本质上讲，外部被捕获的表面必须是从无穷远处看不到的，即必须位于事件视界内。这个事实有时被用作间接地在存在视界的情况下探索爱因斯坦方程数值解的方法。鉴于视界在时间上是一个非局域结构，因此不能直接识别，只能通过给定有限的时间间隔，被捕获表面作局部定义，并且可以在有限的时间间隔内被明确地识别。通过宇宙监督假设，被捕获表面的存在就意味着黑洞视界的存在[30]。

4.2 经典的黑洞热力学

从前面的描述可以明显看出，能量不仅可以流入黑洞，还可以从黑洞中流出，它们可以在能量交换过程中充当中介。当视界面积不变时，能量提取效率最高，并且增加面积的过程是不可逆转的，因为面积不能减少[31]。黑洞系统的相关热力学行为是惊人的类似于普通热力学系统的，视界面积起着熵的作用。这种类比在 20 世纪 70 年代初一被认可就被大力推行，尽管它最初似乎有几个明显的缺陷[32]：① 黑洞温度的丢失；② 熵是无量纲的，而视界面积是长度的平方；③ 每个黑洞的视界面积都是单独不减的，而在热力学中只有系统的总熵是不减的。到 1975 年，人们已经认识到，解决所有这些缺陷的方法就在于结合量子理论，就像解决热力学难题时经常遇到的情况一样。黑洞的霍金温度与普朗克常数 h 成正比，熵是视界面积除以普朗克长度平方的四分之一，视界面积可以通过霍金辐射而减小。与其立即跳到量子黑洞热力学的主题，不如先讨论该理论的经典方面。这些本身就很重要，它们构成了量子黑洞热力学的基础。但同样有趣的是，看看在不援引量子理论的情况下可以推断出什么，它可能会教会我们一些关于引力更深层次起源的东西。在这样的过程中，我们或多或少地遵循着历史上所走的道路。

4.2.1 黑洞力学的四大定律

由于经典黑洞不能辐射任何东西，所以从一开始试图将非零温度与黑洞联系起来似乎是徒劳的。另一方面，$\mathrm{d}M$（黑洞质量的变化）和 $\mathrm{d}A$（视界面积的变化）之间一定存在某种关系。当 $\mathrm{d}A = 0$ 时，$\mathrm{d}M = \Omega \mathrm{d}J + \Phi \mathrm{d}Q$，其中 J 和 Q 分别是黑洞的角动量和电荷，Ω 和 Φ 是黑洞视界上的角速度和电势。这表明了在可逆过程中黑洞质量的变化，比如在热力学系统上所做的功或粒子数量的变化。这就像热力学第一定律一样，但缺少了热量项 $\mathrm{d}Q = T\mathrm{d}S$。

● 黑洞的温度作为视界面上的表面引力

事实证明[33]，缺失的热量项对应的形式为 $\kappa \mathrm{d}A / 8\pi G$，其中 κ 是视界面上的表面引力。对于一个稳态的黑洞，其表面引力是通过假设事件视界是一个 Killing 视界，即它是 Killing 场的轨道集合。而 κ 被定义为视界面上 Killing 场 $\chi^a = \xi^a + \Omega \psi^a$ 模的梯度的振幅，即

$$\kappa^2 = -(\nabla_a |\chi|)(\nabla^a |\chi|) \tag{4-4}$$

表面引力的等效定义是视界外静止零角动量粒子相对于 Killing 时间的加速度大小。这与为了将粒子保持在其路径上而必须在无穷大处施加

的每单位质量的力相同。对于不旋转的中性黑洞，其表面引力为 $1/4M$，因此较大的黑洞表面引力较小。

● 黑洞的第零定律

尽管表面引力在视界面上是局域定义的，但事实证明，在静止黑洞的视界面上，它总是恒定的。这种恒定性让人想起热力学第零定律[34]，该定律指出，在热平衡的系统中，温度在任何地方都是均匀的。表面引力的恒定性可以追溯到静止黑洞视界的特殊性质。它可以在没有场方程的情况下证明或者能量条件假设视界是 Killing 视界（即存在与视界类光测地线相切的 Killing 场），并且黑洞是①静态的（即静止的和时间反射对称），或②轴对称和 "$t-\phi$" 反射对称。或者，它可以被证明假设只有平稳性和具有物质主导能量条件的爱因斯坦场方程（同时假设物质的双曲场方程并分析时空的特性，霍金还表明事件视界必须是 Killing 视界，时空必须是静态的或轴对称的[35]）。

● 黑洞的第一定律

对于一个带电的旋转黑洞，其第一定律为

$$dM = \kappa dA / 8\pi G + \Omega dQ \qquad (4\text{-}5)$$

该定律与爱因斯坦方程的稳定黑洞解有关，并且已经以多种方式推导出来。如果黑洞外存在静止物质（电磁场除外），则（4-5）右边有额外的物质项。表面引力 κ 明显起着温度的作用。尽管 κ，Ω, Q 和 Φ 都是在视界上局部定义的，它们在静止黑洞的视界上总是恒定的。通过考虑向黑洞添加一点质量的准静态过程，可以理解第一定律中的熵项 $\kappa dA / 8\pi G$。为了简单起见，假设这个黑洞是不旋转的、中性的，所以质量变化只是守恒能流 $T_{ab}\xi^a$ 关于视界面的通量：$\Delta M = \int T_{ab}\xi^a k^b d\lambda dA$。这里 dA 是横截面元，λ 是沿着测地线的仿射参数，k^b 是测地线相对于 λ 的切向量。Killing 矢量 ξ^a 在地平线上由 $\xi^a = \kappa\lambda k^a$ 给出。由爱因斯坦方程可得到

$$\Delta M = \kappa / 8\pi G \int R_{ab} k^a k^b \lambda \mathrm{d}\lambda \mathrm{d}A = \kappa / 8\pi G \int \frac{\mathrm{d}\rho}{\mathrm{d}\lambda} \lambda \mathrm{d}\lambda \mathrm{d}A$$

$$= \kappa / 8\pi G \int -\rho \mathrm{d}\lambda \mathrm{d}A = (\kappa / 8\pi G)\Delta A \qquad (4\text{-}6)$$

第二个等号是忽略了 ρ 和 σ 的二次项的聚焦方程，第三个等号是使用了分步积分，由于黑洞最初和最终是静止的，边界项被丢弃，最后一个等号是来自于 ρ 的定义[36]。

● 黑洞的第二、三定律

第二定律当然是霍金的面积定理，指出宇宙监督假设和正能量条件，视界面积永远不会减少。第三定律在黑洞物理学中也有类似之处，即测地线上表面引力不能在有限的步骤中降为零。对带电、旋转黑洞周围带电测试粒子轨道的研究表明了这一定律的有效性。伊森在一些假设下给出并证明了第三定律的精确公式。

第三定律具有重要意义。可以通过考虑如何试图违反第三定律来了解第三定律的重要性[37]。首先，对于不旋转的中性黑洞，当某个粒子掉入黑洞时（其质量会增加），表面引力会减小。但将 κ 减至零则需要无限大的质量。一个角动量为 J、电荷为 Q 的普通旋转带电黑洞的表面引力和视界面积为

$$\kappa = 4\pi\mu / A, \quad A = 4\pi[2M(M+\mu) - Q^2], \quad \mu = (M^2 - Q^2 - J^2 / M^2)^{1/2}$$

$$(4\text{-}7)$$

对于极端黑洞，$\mu = 0$，κ 消失，面积为 $4\pi[2M^2 - Q^2]$。因此，极端黑洞的"温度"为零，但"熵"为非零（第三定律的普朗克形式不适用于黑洞。还应该注意的是，如果极端状态是"永恒的"，而不是从非极端状态达到的，那么第一定律中的熵对应的微分量不再是面积，事实上，它消失了）。如果 $M^2 < Q^2 + J^2 / M^2$，那么时空有一个裸露的奇点，时空中根本不可能存在黑洞。因此，如果表面引力真的可以降为零，那么就离创造一个赤裸裸的奇点就有无穷远，这违反了宇宙监督假设[38]。

为了将表面引力降至零，可以尝试向黑洞中投入足够的电荷或角动

量。假设试图把一个质量为 m 的电荷 q 放入一个不旋转的黑洞中（其质量为 M、电荷为 $Q<M$），并且保证 $q+Q=m+M$。为了使引力相互作用比静电排斥更强，选择 $mM>qQ$，则有 $q/mM/Q$。但是这个不等式保证了 $q+Q<m+M$。同样，如果试图投入足够的轨道角动量到旋转的黑洞中，则粒子只是消失在黑洞中。如果试图将一个旋转的粒子丢入到沿着以同样方式旋转的黑洞中，则会发现有一种引力—自旋—自旋相互排斥的作用，它的强度足以阻止使得 κ 减为零。如果试图把一个带电粒子沿着轴扔到一个旋转的黑洞中，电荷上可能有某种"外力"将其从黑洞中排斥出来。最后，磁荷与电荷一样对 κ 有贡献，所以也可以尝试将磁单极子放入带电黑洞中。经过分析再次发现在此情形下也产生了排斥的相互作用。

4.2.2　广义的第二定律

贝根斯坦提出，以普朗克长度平方为单位测量的黑洞面积的 $\eta A/\hbar G$ 倍实际上是熵，他推测了一个广义的第二定律（GSL），该定律指出黑洞外的熵和黑洞本身的熵之和永远不会减少[39]

$$\delta(S_{\text{outside}}+\eta A/\hbar G)\geqslant 0 \tag{4-8}$$

从传统意义上来说，这似乎有可能违反 GSL：一个包含信息的盒子，比如辐射，可以掉入黑洞内。对于一个理想的无穷小盒子，所有的能量都可以在无穷远处提取，所以当盒子掉进去时，它不使得黑洞的质量增加。因此，视界面积没有改变，但外部的熵减少了，违反了 GSL。这可能被认为是与普通热力学系统类比中的另一个缺陷：即第四定律，可以通过在不改变黑洞面积的情况下使得其熵增加来违反 GSL。因此，在纯粹的经典层面上，GSL 似乎根本不是真的。然而，当 $\hbar\to 0$ 时，熵发散，无穷小的面积变化可以使贝肯斯坦熵发生有限的变化。与普通热力学系统类比，黑洞系统的热力学定律（第一定律—第三定律）的缺陷在某种意义上也在 $\hbar \to 0$ 极限中得到解决。第二定律是通过贝根斯坦公式解决的，而第三定律是因为面积的有限减少意味着熵的无限减少而得到解决。此外，第一定律的成立意味着黑洞的贝肯斯坦温度 $T_{\mathrm{B}} = \hbar\kappa / 8\pi\eta$，该温度在经典极限下消失，从而解决了第一定律中的缺陷。因此，贝根斯坦的提议"解释"了与普通热力学系统类比中的明显缺陷，它非常有力地表明，类比远不只是一个类比。事实证明，考虑到量子效应，GSL 是真的，系数 η 等于 1/4。

4.2.3 热力学温度

在上面的讨论中，表面引力和温度之间的关系是基于温度而进入第一定律（4-5），它在视界面上是恒定的（第零定律），以及在物理过程中（可能）不可能将其降至零的事实（第一定律）。在本节中，我们讨论了另外一种意义，即黑洞的热力学温度，根据热机的效率定义，与其表面引力成比例。温度的热力学定义可以根据（克劳修斯）形式的第二定律给出，该定律指出，不可能将热量从较冷的物体泵送到较热的物体，而不引起外界的变化。由第二定律，可以得到在两个热浴之间运行的任何可逆热机循环中，热量输入与热量输出的比率必须是系统平衡状态的普遍特征常数。然后，两个平衡态的热力学温度之比定义为：$T_{\mathrm{in}} / T_{\mathrm{out}} = Q_{\mathrm{in}} / Q_{\mathrm{out}}$。这给出了所有系统平衡态的温度，是一个全局的常数。在热机中，释放的热量是浪费的，所以最有效的机器是将排放的热量进入制冷装置中。将这一定义应用于黑洞，可以得出黑洞的温度必须为零，因为正如我们所看到的，在将热量投入到黑洞视界后，可以将粒子（或热量）的全部剩余质量作为有用的功来提取。然而，请注意，要得出这个结论，我们必须接受真正将热量精确投入到黑洞的非物理极限。两个黑洞的温度之比的一个有意义的表达式可以通过以一种相当自然的方式达到这个非物理极限来获得。考虑在相距甚远的两个黑洞之间运行上述讨论过的那种热机，并假设有一个最小的适当距离 d_{min}，可以接近任何一个黑洞的视界。假设这两个黑洞的距离相同，并将极限取为 $d_{min} \to 0$。为了简单起见，还假设黑洞是不旋转的；推测有可能将该情形推广到旋转黑洞中。

对于一个静止质量为 m 物体，它在第一个黑洞视界外具有最低 Killing 能量 $E_1 = \xi_1 m$，其中 ξ 是 Killing 场的模。然后，该物体的"热量"被缓慢增加，并落到第二个黑洞的视界外，在那里它具有 Killing 能量 $E_2 = \xi_2 m$，然后掉入第二黑洞中。则两能量之间的差值 $E_1 - E_2$ 是在该过程中可以作为有用功而被提取，其中 $T_1 / T_2 = E_1 / E_2 = \xi_1 / \xi_2$。在视界附近，$\xi \cong \kappa d_{min}$。因此，在最低点，$\xi_1 / \xi_2 \approx \kappa_1 / \kappa_2$，它在极限 $d_{min} \to 0$ 中使得该式子 $T_1 / T_2 = \kappa_1 / \kappa_2$ 精确成立。也就是说，黑洞的热力学温度与其表面引力成正比。这种推导取决于具体的过程，在通常的热力学过程中，接近视界面的常见最小距离为零。因此，值得指出的是，这相当于将一个共同的最大固有加速度取为无穷大。在接近视界面的极限下，静态视界线的适当加速度由 $a = \kappa / \xi$ 给出，因此 a 只是与视界面的适当距离的倒数。

4.3 量子的黑洞热力学

经典黑洞物理学迫切需要结合量子效应，因此热力学"类比"可以成为真正的热力学。由于广义相对论是相对论性的，它不是量子力学，而是相对论量子场论。因此，原则上，人们应该考虑"量子引力"，无论它是什么。尽管没有人确切知道量子引力到底是什么，但吉布斯和霍金在路径积分框架中对其半经典极限的正式处理揭示了一种将类比转化为恒等式的方式。这将在稍后讨论。另一种半经典方法——也是历史上第一种——是考虑固定黑洞背景下的量子场。量子场的真空涨落渗透到整个时空，所以总有一些事情在发生，即使是在黑洞周围的"空白空间"中。因此，开启量子场的真空涨落可以对热力学产生深远影响。霍金发现的历史路径值得一提。彭罗斯过程提出之后，考虑使用波而不是粒子的类似过程只是很短的一步，这一现象被称为"超辐射"[40]。量子力学层面上，超辐射对应于受激辐射，因此很自然地会问旋转黑洞是否会自发辐射。在试图改进有利于自发辐射的计算时，霍金偶然发现了这样一个事实，即使是不旋转的黑洞也会辐射粒子，而且它会在一定温度下通过热光谱来辐射粒子，其温度为

$$T_{\mathrm{N}} = \hbar\kappa / 2\pi \tag{4-9}$$

旋转黑洞的自发辐射可以被视为粒子对的产生。在这个过程中，Killing 能量和角动量必须守恒，所以这两个粒子必须拥有相反的角动量和能量值。因此可以产生这样一对粒子，拥有负能量的粒子穿过视界落入黑洞中。事实证明，这是一个热振幅，并产生了霍金效应。

现在简单地考虑一下霍金效应对黑洞热力学的影响。首先，表面引力 κ，在经典理论中已经被认为是一种温度，它产生了真正的霍金温度 $\hbar\kappa / 2\pi$。根据第一定律（4-5），黑洞的熵由下式给出

$$S_{\mathrm{BH}} = A / 4\hbar G \tag{4-10}$$

零温度和维数缺陷的问题由此可以被去除。此外，霍金辐射导致视界面积减小。这在不旋转的情况下是显而易见的，因为黑洞会失去质量，但在旋转的情况中也会发生这种情况。原因是在霍金粒子对产生过程中拥有负能量的粒子从来都不是真实粒子，因此它不需要携带相应的信息而穿过视界面。因此，贝根斯坦熵可以减小，由此第三定律中的缺陷也被去除。热力学类比中剩下的缺陷是广义第二定律中存在的。这也可以通过引入量子场效应来修正，至少在准静态过程中是这样。

4.3.1　安鲁效应

霍金效应的基础是 Unruh 效应，是基于这样一个事实：即当观测者以加速度 a 观察时，闵可夫斯基空间中的真空在一定温度下似乎是热态，其温度为

$$T_U = \hbar a / 2\pi \qquad (4\text{-}11)$$

因此，即使在平直的时空中，真空波动也已经有了一些"热"的东西。由于它是整个主题的核心，在回到霍金效应之前，让我们先详细研究一下 Unruh 效应的理论。Unruh 效应是在霍金效应之后发现的，这是人们努力理解霍金效应的结果。最初的观察结果是，耦合到量子场并加速通过闵可夫斯基真空的探测器将被热激发。戴维斯的一个相关观察结果是，在真空中加速的反射镜会产生热辐射。但最重要的一点是，真空本身具有热特性，与可能与其耦合的任何物质都完全无关。由于闵可夫斯基真空在平移和洛伦兹变换下的对称性，真空在均匀加速的框架中看起来是静止的，但这种外观与加速度无关。此外，由于它是基态，它对动力学扰动是稳定的。Sciama 指出，如 Haag 等人在公理量子场论中所阐述的，仅状态的平稳性和稳定性就足以表明该状态是热态。请注意，与 Unruh 效应温度相关的时间标度，$\hbar / T_U = 2\pi c / a$，是当加速度为 a 时，速度改变 c 所需的时间。现在将给出 Unruh 效应的两个导数，这两个导数都适用于任意维度时空中任意相互作用的标量场。

二维闵氏时空的线元可表示为

$$ds^2 = dt^2 - dz^2 = \xi^2 d\eta^2 - d\xi^2 \qquad (4\text{-}12)$$

相应的坐标变换为 $t = \xi \sin h\eta$ ，$z = \xi \cos h\eta$ ，其余空间维度中的线元素在以下讨论中不起作用，并且为了简单起见被省略。Minkowski 空间中覆盖"Rindler 楔"$z > |t|$ 的坐标（ξ, η）在范围 $\xi \in (0, \infty), \eta \in (-\infty, \infty)$ 内

是非奇异的。在第一种形式的线元素中，由 Killing 矢量 $\partial/\partial t$ 和 $\partial/\partial z$ 产生的平移对称性是明显的，而在第二种形式中，由 Killing 矢量 $\partial/\partial\eta$ 产生的旋转对称性是显而易见的。后者显然类似于欧几里得空间中的旋转对称。闵氏时空的平移和旋转对称性的完整集合被称为庞加莱群。

热的密度矩阵 $\rho = Z^{-1}\exp(-\beta H)$ 具有两个等价的性质：一是稳态性，原因是它与哈密顿量是对易的。二是 $\exp(-\beta H)$ 与（当 $t=-i\beta$ 时）时间的演化算子 $\exp(-itH)$ 形式一致，相应的状态中 ρ 的真空期望值在 $-i\beta$ 平移下具有一定的对称性，这称为 KMS 条件[41,42]：A_β 表示真空期望值 $tr(\rho A)$，A_t 表示算符 A 的时间变换。由迹的周期性可得

$$A_{-i\beta}B_\beta = Z^{-1}tr[e^{-\beta H}(e^{\beta H}Ae^{-\beta H})B] = Z^{-1}tr(e^{-\beta H}BA) = BA_\beta \quad （4\text{-}13）$$

注意，对于足够好的算子 A 和 B，$A_{-i\beta}B_\beta$ 将在范围 $0<\tau<\beta$ 中是解析。现在将这种行为与闵氏真空中沿着均匀加速世界线的两点函数的行为进行比较。通常，真空态具有闵氏时空的对称性，那么，特别是，两点函数 $G(x,x')$ 必须是庞加莱的不变函数。因此，它必须且仅通过不变区间依赖于它们，从而得到 $G(x,x') = f((x-x')^2)$。现在考虑一个沿着双曲轨迹 $\xi = a^{-1}$ 行进的"观者"[43]。沿着这条双曲线来检验两点函数

$$G(\eta,\eta') = G(x(\eta),x(\eta')) = f([x(\eta)-x(\eta')]^2) = f(4a^{-2}\sin h^2[(\eta-\eta')/2])$$
$$（4\text{-}14）$$

由于 $\sin h^2(\eta/2)$ 在 η 的变换下是周期性 $(2\pi i)$ 函数，因此两点函数也是周期性函数。就 KMS 条件所暗示的两点函数 $G(\eta-i\beta,\eta') = G(\eta,\eta')$，这与每个自变量中 $-i\beta$ 的平移不变性不同。这是否意味着闵氏真空中沿着加速视界线的两点函数实际上不是热的？答案是"否"，因为上述两点函数 $G(\eta,\eta')$ 是周期性的"证明"是假的[44-46]。首先，x 和 x' 的庞加莱不变函数不需要仅依赖于不变区间。它也可以依赖于不变的阶跃函数 $\theta(x^0-x^{0'})\theta[(x^0-x^{0'})^2]$。更一般地说，函数 f 的解析性质尚未明确，因此不能从 $\sin h^2(\eta/2)$ 的周期性得出 f 本身是周期性的结论。例如，f 可能涉

及平方根 $\sin h(\eta/2)$，它是反周期的。事实上，事情就是这样。为了揭示 $G(x,x')$ 的解析行为，有必要纳入希尔伯特空间中状态的时空动量位于未来光锥内部或之上以及真空没有四动量的条件。可以通过在运算符之间插入一组完整的状态来表明，这些状态意味着存在形式的两点函数的积分表示

$$G(x,x') = \int \mathrm{d}^n k \theta(k^0) J(k^2) \mathrm{e}^{-ik(x-x')} \tag{4-15}$$

其中 $J(k^2)$ 是不变量 k^2 的函数，当 k 是类空的则 J 为零。接下来计算沿着双曲轨迹的两点函数值，

$$G(\eta,\eta') = \int \mathrm{d}^n k \theta(k^0) J(k^2) \mathrm{e}^{-i2a^{-1}k^0 \sin h[(\eta-\eta')/2]} \tag{4-16}$$

现在考虑分析延拓 $\eta \to \eta - i\theta$。由于只有 $k^0 > 0$ 有贡献，只要 $\sin h$ 的虚部为负，积分就收敛。其中 $\sin h(x+iy) = \sin hx\cos y + i\cos hx \sin y$，因此只要 $0 < \theta < 2\pi$，积分就会收敛。由于 $\sin h(x-i\pi) = \sin h(-x)$，则有 $G(\eta - i2\pi,\eta') = G(\eta',\eta)$，这是 KMS 条件。安鲁效应的本质是这样一个事实，即描述 Minkowski 真空的密度矩阵，在 $z<0$ 区域的状态上追踪，正是旋转哈密顿量 H_B 在温度 $T = 1/2\pi$ 下的吉布斯态

$$tr_{z<0} |00| = Z^{-1}\exp(-2\pi H_B), \quad H_B = \int T_{ab}(\partial/\partial\eta)^a \mathrm{d}\Sigma^b \tag{4-17}$$

这个相当惊人的事实已经被许多不同的作者以不同程度的严谨性证明了。

4.3.2　霍金效应

霍金效应的核心是安鲁效应。两者之间的关键物理是真空中最短距离对应的相关结构。当量子场在静止黑洞的背景中传播时，这些相关性表现为霍金效应。

● 引力加速辐射

假设一个加速的非旋转观者在史瓦西黑洞外固定半径 r 处。当 $r \to R_s$

时，加速度 a 非常大，与 R_s 相比，相应的时间尺度 a^{-1} 非常小。在这个时间尺度上，时空的曲率可以忽略不计，因此，如果量子场在地平线附近处于规则的状态，人们预计这个尺度上的真空涨落将具有通常的平直空间形式。在这些假设下，加速的观者将经历安鲁效应：真空涨落对观者来说将表现为温度 $T = (\hbar / 2)a$ 下的热浴（尽管自由落体观测者会将这些尺度下的状态描述为真空）。这个热浴的输出模式将在它们爬离黑洞时发生红移。静态观测者在两个不同半径下测量的温度之比为 $T_2 / T_1 = \chi_1 / \chi_2$，其中 χ 是时间平移 Killing 场的范数。在无穷远处，$\chi_\infty = 1$，所以在（霍金）温度下，黑洞的静止框架中有一个输出热通量，其中黑洞的霍金温度为[47-50]

$$T_\infty = \chi_1 \hbar \mathrm{a} / 2\pi = \hbar \kappa / 2\pi \qquad (4\text{-}18)$$

对于施瓦西黑洞，$\kappa = 1 / 2R_s = 1 / 4GM$，所以霍金温度为 $T_H = \hbar / 8\pi GM$，相应的波长为 $\lambda_H = 2\pi / \omega = 8\pi^2 R_s$。更大的黑洞会更冷。平直时空中的安鲁效应表明红移到无穷远处完全耗尽了加速辐射，因为旋转的 Killing 场的范数在无穷远处发散。关于上述论点这里应作两点说明。第一点是，如果量子场的状态在视界附近不规则，那么这个论点显然是无效的。例如，有一种状态被称为"Boulware 真空"或"静态真空"，这对应于在以正 Killing 频率模式作为单粒子状态构建的 Fock 空间中不存在激发。在 Boulware 真空中，加速观者根本看不到任何粒子。然而，随着视界的接近，两点函数的短距离散度不具有平直的空间形式，能动张量的期望值变得奇异。第二点是，从一个非常接近视界的观者开始。只有对这样的观者来说，加速度足够大，因此时间尺度 a^{-1} 足够小，真空涨落才能被视为具有普遍的平直空间形式，而与场的状态和时空曲率的细节无关。因此，认为无限远处的未加速观者必须（因为他是未加速的）看不到粒子是不正确的，因为没有先验的理由来假设那里的状态看起来像闵氏真空。霍金效应指出，无穷远处的状态实际上看起来不像闵氏真空。

- 黑洞的蒸发和信息丢失

由于黑洞通过霍金辐射辐射能量，能量守恒意味着它会损失质量。质量损失率约为每 $R_s = M$（在普朗克单位制下 $G = c = \hbar = 1$）一个霍金量子 M^{-1}，即 $\mathrm{d}M / \mathrm{d}t \sim -M^{-2}$。另一种方法是根据斯特凡定律。有效黑洞面积为 $R_s^2 \sim M^2$，而 $T_H^4 \sim M^{-4}$，这些的乘积再次给出 M^{-2} 作为速率，对质量损失方程积分则可得出 M^3 量级的寿命。恢复单位，得到 $(M / M_P)^3 T_P \cong (M / 1\,\mathrm{gm})^3 \times 10^{-28}\,\mathrm{s}$。因此，一个质量为 $10^{15}\,\mathrm{gm}$ 的黑洞其大小为 $10^{-13}\,\mathrm{cm}$，温度为 $10\,\mathrm{MeV}$，寿命约为 $10^{17}\,\mathrm{s}$，即宇宙的当前年龄。一个太阳质量（$10^{33}\,\mathrm{gm}$）的黑洞大小约为 $1\,\mathrm{km}$，温度约为 $10^{-11}\,\mathrm{eV}$，寿命是宇宙年龄的 10^{54} 倍，黑洞在时间尺度 $\tau \sim G^2 M_0^3 / \hbar c^4$ 上由于霍金辐射而蒸发，对于太阳质量大小的黑洞来说，这大约是 $10^{70}\,\mathrm{s}$。尽管对于太阳质量的黑洞来说，这段时间已经很长了，但黑洞蒸发的事实揭示了［51］中首次提出的信息丢失这一深层概念问题。在经典水平上，无毛定理意味着描述预坍缩几何所需的大量数据被减少到描述黑洞的少量数据。外部观察者无法访问预坍缩几何结构的剩余信息，但原则上可以认为这些信息存在于黑洞中。当考虑到霍金辐射时，真正的悖论就浮现出来了。考虑一个描述物体落入黑洞的初始纯态。由于视界外状态和黑洞内部状态之间的相关性，黑洞发出的霍金辐射处于混合状态，但一段时间后，黑洞已经完全蒸发，只剩下霍金辐射的混合状态。因此，从最初的纯态到完全霍金辐射态的演化是不统一的，在这个过程中信息似乎丢失了。这与恒星或燃烧的煤块等普通物理系统形成了鲜明对比，在这些系统中，排放物包含的相关性原则上允许人们重建初始状态。当时还不清楚这是否也是对黑洞蒸发的可行解释，主要是因为缺乏足够详细的量子引力理论。

- 黑洞视界附近粒子对的产生

前面提到过 Rindler 视界的构造也可以应用于静止的黑洞视界。例如，考虑一个黑洞线元 $\chi^2(s)\mathrm{d}t^2 - \mathrm{d}l^2$，其中 $\chi^a = (\partial / \partial t)^a$。在视界附近，$\chi \sim \kappa l$，

因此线元采用（平直）Rindler 形式 $\xi^2 d\eta^2 - d\xi^2$，其中 $\eta = \kappa t$。因此，χ^a 对应于 $\kappa \partial / \partial \eta$。对于每一个 ω，都可以构造一个波包，该波包在视界面附近，并且相对于某个固定自由落体观者穿过视界面的时间具有任意高的频率，或者等价地，相对于沿着在 Rindler 测地线情况下起到 $u = t - z$ 的作用[52,53]。因此，如果视界面附近的状态看起来像是最距离的自由落体观者，比如闵氏真空，可以得出结论，它也可以被描述为结构为 Boulware 量子的相关状态。特别是，限制在视界面外部的状态是热态，玻尔兹曼因子 $\exp(-\lambda / 2\pi) = \exp(-\hbar\omega / T_H)$，其中 $T_H = \hbar\kappa / 2\pi$ 是霍金温度。在黑洞的情况下，不同的是这些热量子对是如何传播的。在平直的空间里，它们继续在测地线的两侧平行游动。在黑洞时空中，引力潮汐力将它们剥离。从数学上讲，由于波前以固定的 v 传播，并且 $v = -\xi e^{-\eta}$，ξ 沿着波前与 η 成指数比例，朝着未来增加，朝着过去减少[54,55]。一旦 ξ 开始是曲率半径的数量级，度量的 Rindler 就近似失效了。因此，在未来，进入的量子最终陷入奇点，而离开的量子最终爬离地平线，部分地从角动量势垒和曲率反向散射，部分地在霍金温度下以指数红移的热量子的形式出现在无穷大。每一个霍金粒子都有一个负的"伙伴"落入黑洞。p-粒子数量达到无穷大的量级，则可以采用普朗克形式，

$$N_p = \Gamma_p (e^{\hbar\omega/T_H} - 1)^{-1} \tag{4-19}$$

其中系数 Γ_p 是 p-粒子的分数，这些粒子到达无穷远，而不是反向散射到黑洞中。这有时被称为灰体因子，因为它表示黑洞的发射率，而不是完美黑体的发射率。Γ_p 的另一个名字是模式 p 的吸收系数，因为它等于如果从无穷远发送进来，黑洞将吸收的 p-粒子的分数。

4.3.3 广义热力学第二定律的修正

当 Bekenstein 第一次提出广义热力学第二定律（4-8）时，他并不认

为 A 会减少。唯一的问题是，它是否一定会增加到足以补偿视界面上的熵[56,57]。然而，由于黑洞发出霍金辐射，从而失去质量，其视界的面积必须缩小。这与霍金的面积定理并不矛盾，因为量子场将负能量带入黑洞，而霍金假设物质具有正能量条件。然而，它确实对广义热力学第二定律构成了潜在威胁。霍金对黑洞温度的计算确定了黑洞熵和 $A/\hbar G$ 之间的比例系数为 1/4。因此，广义热力学第二定律的形式为

$$\delta(S_{\text{outside}} + \eta A/4\hbar G) \geqslant 0 \qquad (4\text{-}20)$$

接下来，首先解决黑洞蒸发对广义热力学第二定律构成的潜在威胁，然后讨论了为什么设计用于违反广义热力学第二定律的降盒实验失败。然后，解释了如何从一个不旋转的中性黑洞中提取能量。最后，介绍了建立广义热力学第二定律一般有效性的一些方法。

- 黑洞蒸发

平直空间中无质量热辐射的能量及熵密度分别为 $e = aT^4/4$ 和 $s = aT^3/3$，其中 a 为常数。将霍金辐射视为在 T_H 温度下来自较大曲面的简单辐射，辐射熵和能量的关系为 $\mathrm{d}S = 4\mathrm{d}E/3T_H$。另一方面，由于黑洞质量变化了 $\mathrm{d}M = -\mathrm{d}E$，第一定律告诉我们黑洞熵变化了 $\mathrm{d}S_{BH} = -\mathrm{d}E/T_H$。因此，广义熵增加：$\mathrm{d}(S_{\text{outside}} + S_{\text{BH}}) = \mathrm{d}E/3T_H$。因此，广义热力学第二定律成立，并且黑洞蒸发到真空态的过程是不可逆的。事实上，辐射并不完全像来自平直空间中视界面的热辐射。每种模式都有不同的孔吸收截面，适当的处理应该考虑到这一点。Zurek 在某种程度上进行了近似，结果是因子 4/3 发生了一些变化，但仍大于 1。对于任何模式的横截面，似乎都应该有一个确切的论点来产生这个结果。下面提到的广义热力学第二定律的一般论点可能是充分的，尽管它们不是根据辐射的单个模式来表述的，它适用于更普遍的情况。

- 降温盒子

从经典意义来说，可以将一个具有熵的盒子降到黑洞的视界面上，

在几乎所有能量都被无穷远处提取完后将其放入黑洞。在这样的过程中，广义熵会减小。Bekenstein 为避免这种违反广义热力学第二定律的行为而提出的建议是，在给定"大小"和能量 E：$S \leqslant 2\pi ER$ 的盒子中，熵存在一个普遍的上界。因此，由于大小为 R 的盒子离视界面的距离不可能比 R 更近，它可能仍会向黑洞提供足够的能量来维持广义热力学第二定律。他认为，在各种思想实验中这是普遍存在的，但对此也有反对意见。一个明显的反对意见是，界限似乎限制了自然界中可能存在的独立粒子种类的数量，因为更多的种类会导致更大的可能熵。如果广义热力学第二定律的有效性对粒子种类的数量施加了限制，那将是奇怪的。起初，贝肯斯坦认为事情就是这样。后来他认为，当卡西米尔能量被考虑在内时，束缚成立与粒子种类的数量无关。与此同时，Unruh 和 Wald 令人信服地辩称，维护广义热力学第二定律不需要这样的约束。Unruh 和 Wald 提出的要点是[58,59]，盒子与视界外量子场的相互作用是不可忽视的。在远离黑洞的地方，一个静止的盒子可以看到霍金辐射，而在黑洞附近，由于其加速度，它可以看到 Unruh 辐射。分析加速框架中的过程，由于 Unruh 辐射的温度在盒子的下侧高于上侧，盒子受到浮力。在位移的 Unruh 辐射的能量等于盒子的能量 E 的点上，浮力刚好足以使盒子漂浮。如果盒子被进一步推入，它会获得更多的能量，因此通过将盒子放在浮点，将输送到黑洞中的能量降至最低。当盒子落入黑洞中时，黑洞熵的改变为（根据第一定律）$\Delta S_{BH} = E / T_H$。但是盒子的熵 S_{box} 必须小于或等于具有相同体积和能量的热辐射的熵，因为热辐射使熵最大。也就是说，S_{box} 必须小于或等于位移的 Unruh 辐射的熵，其具有能量 E 和熵 E / T_H。因此 $S_{BH} + S_{outside}$ 必然增加，因此广义热力学第二定律保持不变。把论点建立在 Unruh 辐射的基础上有点奇怪，这种辐射甚至连惯性观者都看不到。Unruh 和 Wald 指出，两个观测者"看到"的应力张量不同于 Boulware 真空的守恒应力张量[60,61]。因为它是单独守恒的，所以这种差异不会影响任何可观察到的结果，比如绳索中的张力或传递的总能量。从惯性的角度来看，盒子漂浮的原因是，当它降低时，它在加速框架中保持真空，即 Boulware 真空，相对于周围的 Unruh 或 Hartle-Hawking 真空具有负能量密度。显然，当它下降时，盒子必须辐射正能量并充满负能量，直到在浮点处其总能量等于零。

参考文献

[1] 霍金. 时间简史 [J]. 科技创新与品牌, 2017, 124(10): 4.

[2] 席特, 鲁同所, 孙敏, 等. 黑洞的前世今缘 [J]. 物理与工程, 2020, 30(1): 53-67 + 72.

[3] 吴玉. 银河系中心黑洞的首张照片面世 [J]. 自然杂志, 2022, 44(3): 212 + 230.

[4] 阮晓钢. 广义观测相对论: 时空在爱因斯坦广义相对论中为什么弯曲? (下篇): GOR 理论与科学预言 [J]. 北京工业大学学报, 2023, 49(3): 245-324.

[5] 汪定雄, 杨兰田, 陆烨. 黑洞吸积盘的演化及温度分布的热不稳定性 [J]. 天体物理学报, 1994(4): 306-312.

[6] 袁峰. 黑洞吸积理论及其天体物理学应用的近期发展（I）[J]. 天文学进展, 2007(2): 101-113.

[7] 黄石锋. 黑洞潮汐瓦解恒星事件和双黑洞系统对耀变体光变的影响 [D]. 济南: 山东大学, 2022.

[8] 郝宁湘. 黑洞与热寂 [J]. 内蒙古大学学报(人文社会科学版), 1998(5): 73-79.

[9] 罗中华. 广义相对论的应用: 黑洞的霍金辐射 [J]. 科学技术创新, 2020(10): 1-4.

[10] 黄金书, 宋海珍. 关于黑洞分类和形成的讨论 [J]. 南都学坛,

1999(3): 44-46.

[11] 钟萃相. 脉冲星的形成与演化及黑洞的吸积与喷流 [J]. 科技视界, 2018(35): 101-105.

[12] HAWKING S W, ELLIS G F R. The large scale structure of space-time [M]. Cambridge university press, 2023.

[13] Eddington A S. A comparison of Whitehead's and Einstein's formulæ [J]. Nature, 1924, 113(2832): 192-192.

[14] Finkelstein D. Past-Future asymmetry of the gravitational field of a point particle [J]. Physical Review, 1958, 110(4): 965.

[15] SCIAMA D W. Black holes and their thermodynamics [J]. Vistas in Astronomy, 1976, 19: 385.

[16] WALD R M. Quantum Field Theory in curved spacetime and black hole thermodynamics [M]. Chicago: University of Chicago Press, 1994.

[17] BROUT R, MASSAR S, PARENTANI R, et al. A primer for black hole quantum physics [J]. Physics Reports, 1995, 260(3-4): 329-454.

[18] SCHOEN R, YAU S T. Proof of the positive mass theorem II [J]. Communications in Mathematical Physics, 1981, 79(2): 231-260.

[19] SCHOEN R, YAU S T. Proof that the bondi mass is positive [J]. Physical Review Letters, 1982, 48(3): 369-372.

[20] WITTEN E. A new proof of the positive energy theorem [J]. Communications in Mathematical Physics, 1981, 80(3): 381-402.

[21] ISRAEL W, NESTER J M. Positivity of the bondi gravitational mass [J]. Physics Letters A, 1981, 85(4): 259-262.

[22] HOROWITZ G T, PERRY M J. Gravitational energy cannot become negative [J]. Physical Review Letters, 1982, 48(3): 371-374.

[23] GIBBONS G W, HAWKING S W, HOROWITZ G T, et al. Positive

mass Theorems for black holes [J]. Communications in Mathematical Physics, 1983, 88(1): 295-308.

[24] ABBOTT L F, DESER S. Stability of gravity with a cosmological constant [J]. Nuclear Physics B, 1982, 195(1): 76-96.

[25] PENROSE R. Gravitational Collapse and space-time singularities [J]. Physical Review Letters, 1965, 14(3): 57-59.

[26] HAWKING S W, PENROSE R. The singularities of gravitational collapse and cosmology [J]. Proceedings of the Royal Society of London. Series A. Mathematical and Physical Sciences, 1970, 314(1519): 529-548.

[27] CHRISTODOULOU D, RUFFINI R. Reversible transformations of a charged black hole [J]. Physical Review D, 1971, 4(12): 3552.

[28] HAWKING S W. Gravitational radiation from colliding black holes [J]. Physical Review Letters, 1971, 26(12): 1344.

[29] PENROSE R. Naked singularities [J]. Annals of the New York Academy of Sciences, 1973, 224(1): 125.

[30] JANG P S, WALD R M. The positive energy conjecture and the cosmic censorship hypothesis [J]. Journal of Mathematical Physics, 1977, 18(1): 41-44.

[31] BEKENSTEIN J D. Black holes and entropy [J]. Physical Review D, 1973, 7(8): 2333-2346.

[32] BARDEEN J M, CARTER B, HAWKING S W. The four laws of black hole mechanics [J]. Communications in Mathematical Physics, 1973, 31(2): 161-170.

[33] HAWKING S W. Black holes in general relativity [J]. Communications in Mathematical Physics, 1972, 25(2): 152-166.

[34] RACZ I, WALD R M. Global extensions of spacetimes describing

asymptotic final states of black holes [J]. Classical and Quantum Gravity, 1996, 13(3): 539.

[35] CARTER B. Axisymmetric black hole has two degrees of freedom [J]. Physical Review Letters, 1971, 26(12): 331-333.

[36] WALD R M. Gedanken experiments to destroy a black hole [J]. Annals of Physics, 1974, 83(2): 548-556.

[37] ISRAEL W. Third law of black hole dynamics: a formulation and proof [J]. Physical Review Letters, 1986, 57(4): 397-399.

[38] SEMIZ I. Dyon black holes do not violate cosmic censorship [J]. Classical and Quantum Gravity, 1990, 7(3): 353-356.

[39] BEKENSTEIN J D. generalized second law of thermodynamics in black hole physics [J]. Physical Review D, 1974, 9(12): 3292-3300.

[40] UNRUH W G. Notes on black hole evaporation [J]. Physical Review D, 1976, 14(4): 870.

[41] SEWELL G L. Quantum theory of collective phenomena [M]. Oxford: Oxford University Press, 1986.

[42] HAAG R. Local quantum physics [M]. Berlin: Springer-Verlag, 1992.

[43] WALD R M. General relativity [M]. Chicago: The University of Chicago Press, 1984.

[44] JACOBSON T. Note on hartle-hawking vacua [J]. Physical Review D, 1994, 50(12): R6031-R6034.

[45] BISOGNANO J J, WICHMANN E H. On the duality condition for a hermitian scalar field [J]. Journal of Mathematical Physics, 1975, 16(5): 985-1007.

[46] BISOGNANO J J, WICHMANN E H. On the duality condition for quantum fields [J]. Journal of Mathematical Physics, 1976, 17(3): 303-321.

[47]　SEWELL G L. Relativity of temperature and the Hawking effect [J]. Physics Letters A, 1980, 79(1): 23-25.

[48]　SEWELL G L. Quantum fields on manifolds: PCT and gravitationally induced thermal states [J]. Annals of Physics, 1982, 141(2): 201-224.

[49]　TAKAGI S. Vacuum noise and stress induced by uniform acceleration [J]. Progress of Theoretical Physics Supplement, 1986, 88: 1-142.

[50]　FULLING S A, RUIJSENAARS S N M. Temperature, periodicity, and horizons [J]. Physics Reports, 1987, 152(3): 135-176.

[51]　HAWKING S W. Black hole explosions? [J]. Nature, 1974, 248(5443): 30-31.

[52]　HAWKING S W. Particle creation by black holes [J]. Communications in Mathematical Physics, 1975, 43(3): 199-220.

[53]　JACOBSON T. Black hole evaporation and ultrashort distances [J]. Physical Review D, 1991, 44(6): 1731-1739.

[54]　JACOBSON T. Black hole radiation in the presence of a short distance cutoff [J]. Physical Review D, 1993, 48(4): 728-741.

[55]　UNRUH W G. Sonic analogue of black hole and the effects of high frequencies on black hole evaporation [J]. Physical Review D, 1995, 51(6): 2827-2838.

[56]　BEKENSTEIN J. Universal upper bound on the entropy-to-energy ratio for bounded systems [J]. Physical Review D, 1981, 23(2): 287-298.

[57]　UNRUH W G, WALD R M. Acceleration radiation and the generalized second law of thermodynamics [J]. Physical Review D, 1982, 25(10): 942-958.

[58]　ZUREK W H. Entropy evaporated by a black hole [J]. Physical Review Letters, 1982, 49(23): 1683.

[59] UNRUH W G, WALD R M. Entropy bounds, acceleration radiation, and the generalized second law [J]. Physical Review D, 1983, 27(10): 2271-2280.

[60] FROLOV V P, PAGE D N. Proof of the generalized second law for quasistationary semiclassical black holes [J]. Physical Review Letters, 1993, 71(23): 3902-3905.

[61] SORKIN R. Toward a proof of entropy increase in the presence of a quantum black hole [J]. Physical Review Letters, 1986, 56(17): 1885-1888.

第 5 章　AdS 时空中黑洞的
热力学性质

5.1　EPYM AdS 黑洞

众所周知，AdS 时空中的线性带电黑洞（爱因斯坦-麦克斯韦黑洞）具有标度对称性：临界点处系统的态参量标度都与电荷有关，$S\sim q^2, P\sim q^{-2}, T\sim q^{-1}$ [1-3]。那么很自然地，对于非线性带电 AdS 黑洞是否也具有相似的标度对称性呢？由于麦克斯韦理论中点状电荷的无限自能，Born 和 Infeld 提出了当场很强时该理论的一种推广，从而引入了电荷的非线性[4-14]。其中一个有趣的非线性推广就是爱因斯坦引力指数次幂耦合杨-米尔斯场的引力理论，该理论中存在相应的黑洞解称为 EPYM AdS 黑洞。最近相关研究工作探究了该理论的热力学性质[15,16]。四维带有宇宙学常数的爱因斯坦指数次幂耦合杨-米尔斯场（EPYM）的引力理论其作用量为[17-19]

$$I = \frac{1}{2}\int d^4 x\sqrt{g}(R - 2\Lambda - [Tr(F_{\mu\nu}^{(a)}F^{(a)\mu\nu})]^\gamma) \tag{5-1}$$

杨-米尔斯（YM）场为

$$F_{\mu\nu}^{(a)} = \partial_\mu A_\nu^{(a)} - \partial_\nu A_\mu^{(a)} + \frac{1}{2\xi}C_{(b)(c)}^{(a)}A_\mu^b A_\nu^c \tag{5-2}$$

111

这里 $Tr(F_{\mu\nu}^{(a)}F^{(a)\mu\nu})=\sum_{a=1}^{3}F_{\mu\nu}^{(a)}F^{(a)\mu\nu}$，$R$ 和 γ 分别是标曲率和一个正的实参数。$C_{(b)(c)}^{(a)}$ 代表三参数李群的结构常数，ξ 是耦合常数，$A_{\mu}^{(a)}$ 是 SO（3）群的 YM 规范势。该系统对应的黑洞解为

$$ds^2 = -f(r)dt^2 + f^{-1}dr^2 + r^2 d\Omega_2^2, \tag{5-3}$$

$$f(r) = 1 - \frac{2M}{r} - \frac{\Lambda}{3}r^2 + \frac{(2q^2)^{\gamma}}{2(4\gamma-3)r^{4\gamma-2}}. \tag{5-4}$$

其中非线性 YM 电荷参数 γ 满足 $\gamma > 0$ 且 $\gamma \neq 0.75$。黑洞视界位置由方程 $f(r_+) = 0$ 的大根给出。

5.1.1 扩展相空间中的热力学相变

该系统的温度和熵分别为

$$T = \frac{1}{4\pi r_+}\left(1 + 8\pi P r_+^2 - \frac{(2q^2)^{\gamma}}{2r_+^{(4\gamma-2)}}\right), \ S = \pi r_+^2 \tag{5-5}$$

热力学压强 $P = -\Lambda/(8\pi)$，YM 规范势为[5,20,21]

$$\Psi = \frac{\partial M}{\partial q^{2\gamma}} = \frac{r_+^{3-4\gamma}2^{\gamma-2}}{(4\gamma-3)} \tag{5-6}$$

上述热力学参量满足热力学第一定律

$$dM = TdS + \Psi dq^{2\gamma} + VdP \tag{5-7}$$

热力学体积为 $V = \left(\dfrac{\partial M}{\partial P}\right)_{S,q} = \dfrac{4\pi}{3}r_+^3$。黑洞的质量参数被视为系统的焓

$$H = M(S,q,P) = \frac{1}{6}\left[8\pi P\left(\frac{S}{\pi}\right)^{\frac{3}{2}} + 3\left(\frac{S}{\pi}\right)^{\frac{3-4\gamma}{2}}\frac{(2q^2)^{\gamma}}{8\gamma-6} + 3\sqrt{\frac{S}{\pi}}\right] \tag{5-8}$$

对于给定的 YM 电荷，压强可以表示为温度和体积的函数

$$P = \left(\frac{4\pi}{3V}\right)^{1/3}\left[\frac{T}{2} - \frac{1}{8\pi}\left(\frac{4\pi}{3V}\right)^{1/3} + \frac{(2q^2)^{\gamma}}{16\pi}\left(\frac{4\pi}{3V}\right)^{\frac{1-4\gamma}{3}}\right] \qquad (5\text{-}9)$$

（1）P-V 相图中的等面积率

对于给定的 YM 电荷和温度 $T_0 < T_c$，两相共存区域的边界体积分别

为 V_1 和 V_2，相应的相变压强为 P_0。由麦克斯韦等面积率 $P_0(V_2 - V_1) = \int_{V_1}^{V_2} PdV$

和方程（5-5）可得

$$P_0 = \frac{T_0}{2r_1} - \frac{1}{8\pi r_1^2} + \frac{(2q^2)^{\gamma}}{16\pi r_1^{4\gamma}}, \quad P_0 = \frac{T_0}{2r_2} - \frac{1}{8\pi r_2^2} + \frac{(2q^2)^{\gamma}}{16\pi r_2^{4\gamma}} \qquad (5\text{-}10)$$

$$2P_0 = \frac{3T_0(1+x)}{2r_2(1+x+x^2)} - \frac{3}{4\pi r_2^2(1+x+x^2)} + \frac{3(2q^2)^{\gamma}(1-x^{3-4\gamma})}{8\pi(3-4\gamma)r_2^{4\gamma}(1-x^3)} \qquad (5\text{-}11)$$

其中 $x = r_1 / r_2$。由方程（5-10）可得

$$0 = T_0 - \frac{1}{4\pi r_2 x}(1+x) + \frac{(2q^2)^{\gamma}}{8\pi r_2^{4\gamma-1}x^{4\gamma-1}}\frac{(1-x^{4\gamma})}{(1-x)} \qquad (5\text{-}12)$$

$$2P_0 = \frac{T_0}{2r_2 x}(1+x) - \frac{1}{8\pi r_2^2 x^2}(1+x^2) + \frac{(2q^2)^{\gamma}}{16\pi r_2^{4\gamma}x^{4\gamma}}(1+x^{4\gamma}) \qquad (5\text{-}13)$$

结合上述方程和（5-11）可得

$$\frac{1}{4\pi r_2 x} = T_0\frac{(1+x)}{(1+3x+x^2)} + \frac{(2q^2)^{\gamma}[(3-4\gamma)(1-x^{3+4\gamma}) + (3+4\gamma)x^3(1-x^{4\gamma-3})]}{8\pi(3-4\gamma)r_2^{4\gamma-1}x^{4\gamma-1}(1-x^3)(1-x)^2(1+3x+x^2)} \qquad (5\text{-}14)$$

$$r_2^{4\gamma-2} = \frac{(2q^2)^{\gamma}[(3-4\gamma)(1+x)(1-x^{4\gamma}) + 8\gamma x^2(1-x^{4\gamma-3})]}{2x^{4\gamma-2}(3-4\gamma)(1-x)^3} = (2q^2)^{\gamma}f(x,\gamma) \qquad (5\text{-}15)$$

对于临界点处，即 $x = 1$，相应的临界热力学参量分别为

$$r_c^{4\gamma-2} = (2q^2)^{\gamma}f(1,\gamma), f(1,\gamma) = \gamma(4\gamma-1) \qquad (5\text{-}16)$$

$$T_c = \frac{1}{\pi(2q^2)^{\frac{\gamma}{4\gamma-2}} f^{\frac{1}{4\gamma-2}}(1,\gamma)} \frac{2\gamma-1}{4\gamma-1} \qquad (5\text{-}17)$$

$$P_c = \frac{2\gamma-1}{16\pi\gamma(2q^2)^{\gamma/(2\gamma-1)} f^{1/(2\gamma-1)}(1,\gamma)} \qquad (5\text{-}18)$$

为了确保上述临界热力学参数为正，分线性 YM 电荷参数必须大于 1/2。将方程（5-15）带入（5-12），并取 $T_0 = \chi T_c$（$0 < \chi \leqslant 1$），可得

$$T_0 = \frac{1}{4\pi x(2q^2)^{\frac{\gamma}{4\gamma-2}} f^{\frac{1}{4\gamma-2}}(x,\gamma)} \left(1+x-\frac{1}{2f(x,\gamma)x^{4\gamma-2}}\frac{1-x^{4\gamma}}{1-x}\right) \qquad (5\text{-}19)$$

$$\chi \frac{2\gamma-1}{\gamma^{\frac{1}{4\gamma-2}}(4\gamma-1)^{\frac{4\gamma-1}{4\gamma-2}}} = \frac{1}{4xf^{1/(4\gamma-2)}(x,\gamma)} \left(1+x-\frac{1}{2f(x,\gamma)x^{4\gamma-2}}\frac{1-x^{4\gamma}}{1-x}\right)$$

$$(5\text{-}20)$$

对于给定的 γ 和 T_0，求解上述方程可得到 x 的值，然后代入方程（5-15）便可得到相变条件

$$\frac{(2q^2)^\gamma}{r_2^{4\gamma-2}} = \frac{1}{f(x,\gamma)} \qquad (5\text{-}21)$$

因此，对于给定温度的 EPYM AdS 黑洞其相变是由 YM 电荷项 $(2q^2)^\gamma$ 和 $r_2^{4\gamma-2}$ 的比值决定，而非仅仅是黑洞视界半径。这里将 YM 电荷项 $(2q^2)^\gamma$ 和 $r_2^{4\gamma-2}$ 的比值称为 YM 电势。不同温度下系统的 P-V 相图如图 5-1 所示，相关参数设为：$q = 0.85$、$\gamma = 0.8$，从下到上温度分别为 0.041 9、0.042 15、0.042 4 和 0.042 5。非线性电荷参数对相变的影响如图 5-2 所示，相关参数设为：$q = 0.85$、$T_0 = 0.8$，从上到下非线性电荷参数分别为 0.78、0.9、1 和 1.2。

（2）*T-S* 相图中的等面积率

对于给定压强 $P_0 < P_c$ 和 YM 电荷的 EPYM AdS 黑洞，该系统的两相共存区域的边界熵分别为 S_1 和 S_2，相应的相变温度为 T_0。由麦克斯韦等面积率 $T_0(S_2 - S_1) = \int_{S_1}^{S_2} T\mathrm{d}S$ 和方程（5-5）可得

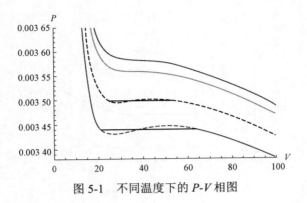

图 5-1　不同温度下的 P-V 相图

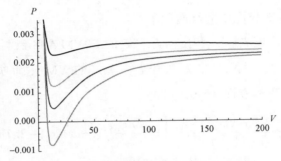

图 5-2　不同非线性电荷参数下的 P-V 相图

$$2\pi T_0 = \frac{1}{r_2(1+x)} + \frac{8\pi P r_2}{3(1+x)}(1+x+x^2) - \frac{(2q^2)^\gamma r_2^{1-4\gamma}}{2(3-4\gamma)}\frac{(1-x^{3-4\gamma})}{(1-x^2)}$$

（5-22）

$$T_0 = \frac{1}{4\pi r_2}\left(1 + 8\pi P r_2^2 - \frac{(2q^2)^\gamma}{2r_2^{(4\gamma-2)}}\right), \quad T_0 = \frac{1}{4\pi r_1}\left(1 + 8\pi P r_1^2 - \frac{(2q^2)^\gamma}{2r_1^{(4\gamma-2)}}\right)$$

（5-23）

　　由上述方程可得当选取温度和熵作为独立的对偶热力学参量系统的相变条件与选取压强和体积时系统对应的相变条件一样。这表明两种不同独立对偶热力学参量的选取，在相同的条件下系统对应的相变点相同。不同压强下系统的 T-S 相图如图 5-3 所示，相关参数设为：$q = 0.85$、$\gamma = 0.8$，从下到上压强分别为 0.003 44、0.003 5、0.003 6 和 0.003 65。

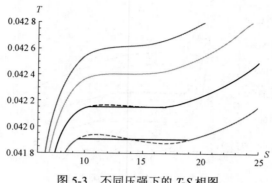

图 5-3　不同压强下的 $T\text{-}S$ 相图

（3） $q^{2\gamma}-\Psi$ 相图中的等面积率

对于给定温度 $T_0 < T_c$ 和压强 $P_0 < P_c$ 的 EPYM AdS 黑洞，该系统的两相共存区域的边界电势分别为 Ψ_1 和 Ψ_1，相应的 YM 电荷项为 $q_0^{2\gamma}$。由麦克斯韦等面积率和方程（5-6）可得

$$q_0^{2\gamma} = \frac{(4\gamma-3)(1-x)x^{4\gamma-3}}{2^{\gamma-1}(1-x^{4\gamma-31})} r_2^{4\gamma-2} \left[1 + \frac{8\pi P_0}{3} r_2^2 (1+x+x^2) - 2\pi T_0 r_2 (1+x) \right]$$

（5-24）

$$\frac{q_0^{2\gamma}}{2^{1-\gamma}} = r_2^{(4\gamma-2)} + 8\pi P_0 r_2^{4\gamma} - T_0 4\pi r_2^{4\gamma-1}, \frac{q_0^{2\gamma}}{2^{1-\gamma}} = r_1^{(4\gamma-2)} + 8\pi P_0 r_1^{4\gamma} - T_0 4\pi r_1^{4\gamma-1}$$

（5-25）

由上述方程可得当选取 YM 电荷项和电势作为独立的对偶参量时系统的相变条件与选取压强－体积及温度－熵时系统对应的相变条件一样。不同温度和压强下系统的 $q^{2\gamma}-\Psi$ 相图如图 5-4 所示，相关参数设为：$\gamma = 0.8$，在图 5-4（a）中，$P_0 = 0.003\,4$，从上到下温度分别为 0.041\,9、0.041\,7、0.041\,5；在图 5-4（b）中，$T_0 = 0.0419$，从上到下压强分别为 0.003\,4、0.003\,476、0.003\,5。

（4）一阶相变的共存曲线

众所周知，对于普通的热力学系统，当系统处于两相（α 和 β）共存的状态时，对应的共存曲线（$P\text{-}T$）可以直接由实验结果给出。并且共存曲线的斜率满足克拉伯龙方程

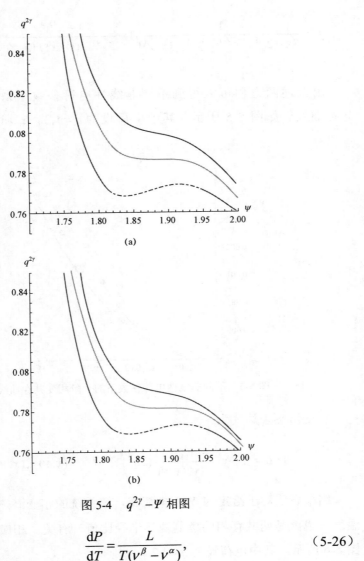

图 5-4　$q^{2\gamma}-\varPsi$ 相图

$$\frac{\mathrm{d}P}{\mathrm{d}T}=\frac{L}{T(v^{\beta}-v^{\alpha})},\qquad\qquad(5\text{-}26)$$

其中 L 称为相变潜热，$L=T(S^{\beta}-S^{\alpha})$，$v^{\alpha},v^{\beta}$ 指的是 α 和 β 相的摩尔体积。对于 EPYM AdS 黑洞系统，由方程（5-3）（5-4）和（5-6）可得

$$T=\frac{1}{4\pi x(2q^{2})^{\frac{\gamma}{4\gamma-2}}f^{\frac{1}{4\gamma-2}}(x,\gamma)}\left(1+x-\frac{1}{2f(x,\gamma)x^{4\gamma-2}}\frac{1-x^{4\gamma}}{1-x}\right)\equiv y_{2}(x,\gamma),$$

$$\qquad\qquad(5\text{-}27)$$

117

$$P = \frac{1}{8\pi x(2q^2)^{\gamma/(2\gamma-1)}f^{1/(2\gamma-1)}(x,\gamma)}\left(1 - \frac{1-x^{4\gamma-1}}{2x^{4\gamma-2}(1-x)f(x,\gamma)}\right) \equiv y_1(x,\gamma)$$

（5-28）

由上述两方程可以得到不同非线性电荷参数下系统的一阶相变共存曲线，如图 5-5 所示，其中电荷设为 $q = 1.2$，二阶相变点由黑色点标注。

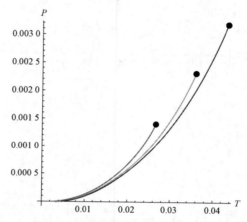

图 5-5　不同非线性电荷参数下的一阶相变共存曲线

相变潜热表达式为

$$L = (1-x^3)\frac{4\pi y_1'(x,\gamma)}{3y_2'(x,\gamma)}(2q^2)^{\frac{3\gamma}{4\gamma-2}}f^{\frac{3}{4\gamma-2}}(x,\gamma)y_2(x,\gamma) \qquad （5-29）$$

结果表明对于给定的 YM 电荷相，该系统的相变潜热与系统的相变温度（也就是两共存相的黑洞视界半径比值）有关。相应的曲线行为如图 5-6 所示，其中电荷设为 $q = 1.2$。

5.1.2　扩展相空间中的热动力学相变

众所周知，吉布斯自由能是研究热力学系统相变的一个非常重要的热力学参量，在一阶相变点处它会呈现出燕尾行为，在二阶相变点处吉

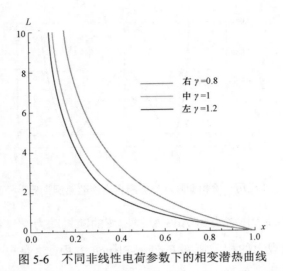

图 5-6　不同非线性电荷参数下的相变潜热曲线

布斯自由能连续但不是光滑的函数。最近，文章［22］的作者提出 AdS 黑洞的在壳吉布斯自由能与热动力学相变有关。基于此，将该方法应用到 EPYM AdS 黑洞的热动力学相变的研究中。该系统的在壳吉布斯自由能为

$$G_L = M - T_E S \tag{5-30}$$

T_E 为系统的一个温度参数，数值上等于系统的相变温度。当参数取为：$q = 0.85, \gamma = 0.8, T_0 = 0.040\,2, P_0 = 0.859\,55 P_c$，系统对应的吉布斯自由能如图 5-7 所示，其中参数设为 $q = 0.85$，$\gamma = 0.8, T_0 = 0.040\,2$, $P_0 = 0.859\,55 P_c$。从图中可以看到吉布斯自由能表现出双阱行为，即有两个局部最小值（位于 $r_s = 1.457\,7, r_l = 3.090\,4$），它们对应于具有正热容的稳定的高/低电势黑洞相。位于 $r_m = 2.210\,7$ 处的局部最大值代表具有负热容的不稳定的中间电势黑洞相，并充当稳定的高/低电势黑洞相之间的势垒。此外，两个局部极小值的深度是相同的。这表明，从吉布斯自由能的角度来看，系统会在两个阱相同深度的情况下发生相变。由此可以推测重入相变或三相点可能对应于更多的吉布斯自由能阱。

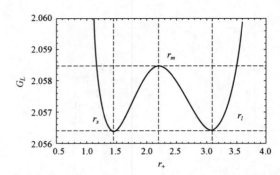

图 5-7　当系统经历一阶相变时，吉布斯自由能随黑洞视界半径的变化曲线

文章［23-28］作者提出 AdS 黑洞相变的随机动力学过程可以通过吉布斯自由能景观上的相关概率 Fokker-Planch 方程，这是一个控制波动宏观变量分布函数的运动。对于 AdS 黑洞热力学系统，视界半径 r_+ 是序参数，它可以被视为相变时对应的热随机涨落变量。基于此，通过将 EPYM AdS 黑洞视界视为系统的序参数和热随机涨落变量，将展示在热涨落下正则系综中相变的热动力学过程。注意，正则系综由一系列具有任意视界半径的 EPYM AdS 黑洞组成。相应的概率分布函数满足基于在壳吉布斯自由能的 Fokker-Planck 方程

$$\frac{\partial \rho(t, r_+)}{\partial t} = D \frac{\partial}{\partial r_+} \left(e^{-\beta G_L(r_+, x)} \frac{\partial}{\partial r_+} \left[e^{\beta G_L(r_+, x)} \rho(t, r_+) \right] \right), \quad （5-31）$$

式中 $\beta = 1 / kT_E, D = kT_E / \xi$ 为扩散系数，k 为玻耳兹曼常数，ξ 为耗散系数。在不失一般性的情况下，我们设置 $k = \xi = 1$。为了求解上述方程，需要考虑两种边界条件：反射边界条件（确保概率分布函数的归一化）和吸收边界条件。对于该系统，左边界应该比高电势黑洞相的视界半径小，右边界应该比低电势黑洞相的视界半径大。在参数 $q = 0.85, \gamma = 0.8, P_0 = 0.85955P_c$ 下，由于系统的温度必须为正，因此存在最小的黑洞，其视界半径为 $r_{min} = 0.695808$，将该视界半径作为左边界，

右边界取值为 6。反射边界条件意味着概率流分布函数在左右边界处消失：

$$j(t,r_0) = -T_E \mathrm{e}^{\frac{G_L}{T_E}} \frac{\partial}{\partial r_+} \left(\mathrm{e}^{\frac{G_L}{T_E}} \rho\left(t,r_+\right) \right)\Big|_{r_+=r_0} = 0 \qquad （5\text{-}32）$$

吸收边界条件概率分布函数在边界处为零：$\rho(t,r_0) = 0$。选择处在 r_i 的高斯性波包作为初始条件：

$$\rho(0,r_+) = \frac{1}{\sqrt{10\pi}} \mathrm{e}^{-\frac{(r_+-r_i)^2}{a^2}} \qquad （5\text{-}33）$$

其中 a 是一个常数，并且它的取值不会影响最终结果。而高斯性波包的宽带由参数 a 所决定。接下来研究该系统的热动力学相变，可以选取 $r_i = r_s$ 或者 $r_i = r_l$。这也意味着该系统初始时刻是处于高电势黑洞相/低电势黑洞相。图 5-8 中给出了概率分布函数的时间演化图像，其中参数设为 $q = 0.85$，$\gamma = 0.8, T_0 = 0.040\,2$，$P_0 = 0.859\,55 P_c$。在初始时刻，当系统的温度取 0.040 2，高斯性波包分别位于高/低电势黑洞相的视界半径处，参数 a 取 0.1。处在两个不同电势黑洞相的高斯性波包都会随着时间的流逝而减小，最后趋于一个确定的常数。然而，处在高电势黑洞相的概率分布函数的最大值[如图 5-8（a）所示]和处在低电势黑洞相的概率分布函数的最大值［如图 5-8（b）］是从零增加到相同常数。这表明处于低电势黑洞相的系统逐渐转变为处于高电势黑洞相的系统。为了使得高低电势黑洞相的热动力学相变图像更为清晰，概率分布函数仅仅随黑洞视界半径的变化曲线如图 5-9 所示，其中参数设为 $q = 0.85, \gamma = 0.8, T_0 = 0.040\,2$，$P_0 = 0.859\,55 P_c$。从图 5-8 和 5-9 中都可以看出最后分别处在不同电势的黑洞相达到一个共存的静态热平衡状态。该结论与图像 $G_L - r_+$ 中呈现的一致：最终处于不同黑洞相的吉布斯自由能具有相同深度的双势阱。

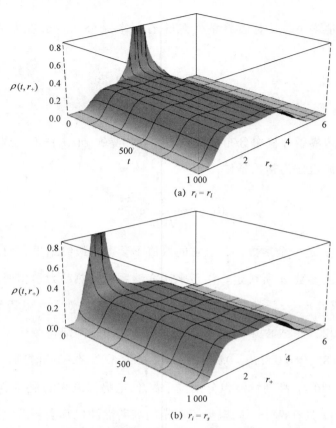

(a) $r_i = r_l$

(b) $r_i = r_s$

图 5-8　当系统经历一阶相变时，不同初始条件下系统的
概率分布函数 $\rho(t, r_+)$ 图像

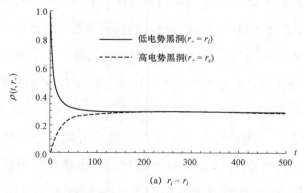

(a) $r_i = r_l$

图 5-9　当系统经历一阶相变时，不同初始条件下
系统的概率分布函数 $\rho(t)$ 图像

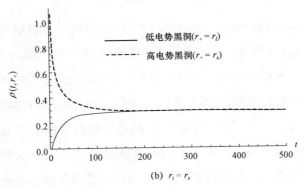

(b) $r_i = r_s$

图 5-9 当系统经历一阶相变时，不同初始条件下
系统的概率分布函数 $\rho(t)$ 图像（续）

通常表征热动力学相变的一个非常重要的量就是第一次穿越时间，它指的是处于稳定的高/低电势黑洞相的系统逃离到一个不稳定的中间电势黑洞相系统的时间，也就是吉布斯自由能中系统从一个势阱穿越到势垒的时间。假设稳定的黑洞相对应的边界条件是完全吸收的边界条件，如果系统在热涨落下第一次穿越，则系统就会离开这种状态。我们可以将 Σ 定义为热动力过程在第一个通过时间内的概率和

$$\Sigma = \int_{r_{\min}}^{r_m} \rho(t, r_+) \mathrm{d}r_+ \quad \text{或} \quad \Sigma = -\int_{r_{rb}}^{r_m} \rho(t, r_+) \mathrm{d}r_+ \tag{5-34}$$

这里 $r_m, r_{\min}, r_{rb}$ 分别是中、最小和右边界的黑洞视界半径。经过长时间，该系统的 Σ 变为零，$\Sigma(t, r_l)|_{t \to \infty} = 0$ 或者 $\Sigma(t, r_s)|_{t \to \infty} = 0$。注意，第一次穿越时间是一个随机的变量，这是由于该系统的热动力学相变过程就是由热涨落引起的。因此，引入第一次穿越时间的分布函数

$$F_p = -\frac{\mathrm{d}\Sigma}{\mathrm{d}t} \tag{5-35}$$

很显然，$F_p, \mathrm{d}t$ 指的是处于大或者小黑洞相的系统在时间段内 $(t, t+\mathrm{d}t)$ 第一次穿越通过不稳定的中黑洞相的概率。由方程（5-30）和（5-34）可得第一次穿越时间的分布函数为

$$F_p = -D \frac{\partial \rho(t, r_+)}{\partial r}\Big|_{r_m} \quad \text{或} \quad F_p = D \frac{\partial \rho(t, r_+)}{\partial r}\Big|_{r_m} \qquad (5\text{-}36)$$

这里 Fokker-Planck 方程的吸收和反射边界条件分别取为 r_m 和另外一边（$r_{\min}$ 或者 r_{rb}）位置处。通过求解不同相变温度下的 Fokker-Planck 方程，并将结果代入方程（5-34）和（5-35），图 5-10 呈现了初始条件为高/低电势黑洞相的数值结果[参数设为 $q = 0.85$，$\gamma = 0.8, T_0 = 0.040\,2$（实线）、$T_0 = 0.038$（断线）]：$\varSigma$ 在极短的时间内衰减得很快。并且会随着有效温度的增加而快速减小。对于不同的有效温度 F_p 的行为类似。在初始时刻附近对于任意给定的温度 F_p 中会出现一个孤立的峰值。系统发生一阶相变时，相变温度对 F_p 的影响与对 $\varSigma$ 和 G_L 的影响类似。这也意味

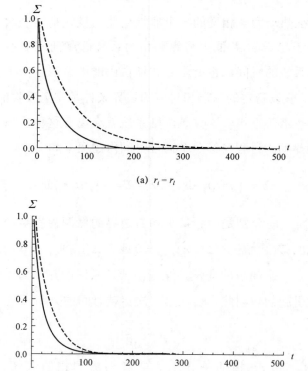

(a) $r_i = r_l$

(b) $r_i = r_s$

图 5-10　当系统经历一阶相变时，不同初始条件下系统在第一次穿越时间内的概率函数 $\varSigma(t)$ 和时间演化分布函数 $F_p(t)$ 图像

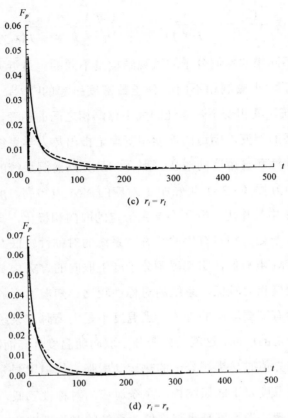

(c) $r_i = r_l$

(d) $r_i = r_s$

图 5-10　当系统经历一阶相变时，不同初始条件下系统在第一次穿越时间内的
概率函数 $\Sigma(t)$ 和时间演化分布函数 $F_p(t)$ 图像（续）

着：温度越高，概率分布函数衰减得越快，相变越容易发生，吉布斯自由
能的势垒越浅；反之温度越低，概率分布函数衰减得越慢，相变越难发生，
吉布斯自由能的势垒越深[29]。

5.1.3　几何热力学

由方程（5-15）可以看出对于给定温度的 EPYM-AdS 黑洞系统，其
两共存相的 YM 电势会出现突变

$$\phi_2^2 = \frac{(2q^2)^\gamma}{r_2^{4\gamma-2}} = \frac{1}{f(x,\gamma)}, \quad \phi_1^2 = \frac{(2q^2)^\gamma}{r_1^{4\gamma-2}} = \frac{1}{x^{4\gamma-2}f(x,\gamma)} \qquad (5\text{-}37)$$

这表明不同相的黑洞分子的微观结构是不同的。最近人们提出黑洞的相变是由于大小黑洞相不同的分子数密度引起的[30-33]。对于 EPYM AdS 黑洞系统，其相变不是单纯的大小黑洞相之间的相变，而是高低电势黑洞相之间的相变。朗道的连续相变理论指出热力学系统的相变伴随着系统的对称性和自由度的改变。那么，是否该黑洞系统的相变内因也是如此呢？由方程（5-37）可知相 1 对应的 YM 电势高，所以黑洞分子受到强的 YM 电势作用，分子会产生一定的取向和极化，具有一定的取向性，黑洞分子处于相对有序的状态，系统的对称性较低，在相同温度下，相 2 的 YM 电势低，引起黑洞分子产生取向的 YM 电势减弱，黑洞分子的有序程度相对较低，系统的对称性较高。随着温度的增加，黑洞分子的热运动有减弱取向的趋势。当温度不是太高时，系统中的黑洞分子仍然具有一定的取向，这就是黑洞分子取向随温度升高而减弱的原因。当温度高于临界值时，黑洞分子的热运动增强，使得黑洞分子的取向趋于零。在临界温度以下的黑洞相，系统对应的对称性较低，有序程度较高，序参量非零，当温度高于临界值，系统的对称性较高，有序程度较低，序参量为零。随温度的降低，序参量从零连续地变到非零。对于 EPYM AdS 黑洞系统，其序参量可以定义为

$$\phi^2(T) = \frac{\phi_1^2 - \phi_2^2}{\phi_c^2} = \frac{\gamma(4\gamma-1)(1-x^{4\gamma-2})}{f(x,\gamma)x^{4\gamma-2}}, \quad \phi_c^2 = \frac{1}{f(1,\gamma)} = \frac{1}{\gamma(4\gamma-1)}$$

$$(5\text{-}38)$$

图 5-11 给出了序参量随非线性电荷参数的变化曲线。由于临界点附近序参量是个小量，因此吉布斯自由能可展开为序参量的次幂形式[34,35]。利用热力学平衡态下系统的自由能最小这一理论，通过计算该系统的临界指数，发现其结果与 RN-AdS 黑洞系统和单轴铁磁体的一致。然而上述的讨论中忽略了序参量在临界点附近的涨落。著名的 Ruppeiner 几何的

提出就是源于热力学涨落理论，可以通过对黑洞系统 Ruppeiner 几何的研究来揭示黑洞分子的微观结构[36,37]。选取熵和压强作为涨落变量，则系统的几何标曲率为[30]

$$R = -\frac{N}{D} \qquad (5\text{-}39)$$

$$N = 2\pi S^{-1} \begin{bmatrix} 2^{1+\gamma}\pi^{1+2\gamma}q^{2\gamma}S^{1-2\gamma}(-1+2\gamma)\begin{bmatrix} -1-48PS+(-1+8PS(7+16PS)) \\ \gamma+2(1-8PS)^2\gamma^2 \end{bmatrix} + \\ 8\pi^2(-1+2\gamma) \\ \begin{bmatrix} (-1+\gamma)^2+256P^3S^3\gamma(-1+2\gamma)+4PS \\ (1+\gamma-2\gamma^2)-32P^2S^2(-3+2\gamma(2+\gamma)) \end{bmatrix} + \pi^{4\gamma}(2q^2)^{2\gamma} \\ S^{2-4\gamma}[-3+\gamma(9-6\gamma+8PS(1+2\gamma))] \end{bmatrix}$$

$$D = \left[-\pi^{2\gamma}\frac{(2q^2)^{\gamma}}{S^{2\gamma-1}}+2\pi(1+8PS) \right]\left[\pi^{2\gamma}\frac{(2q^2)^{\gamma}}{S^{2\gamma-1}}+2\pi(1-8PS)(1-2\gamma) \right]^2$$

当系统发生相变时，两共存相对应的几何标曲率分别为

$$R_1 = -\frac{2(2q^2)^{\frac{1}{1-2\gamma}}f^{\frac{1}{1-2\gamma}}(x,\gamma)}{\pi[-x^{2-4\gamma}f^{-1}(x,\gamma)+2(1+8A_1)][x^{2-4\gamma}f^{-1}(x,\gamma)+2(1-2\gamma)(1-8A_1)]^2}\times B \qquad (5\text{-}40)$$

$$R_2 = -\frac{2(2q^2)^{\frac{1}{1-2\gamma}}f^{\frac{1}{1-2\gamma}}(x,\gamma)}{\pi[-f^{-1}(x,\gamma)+2(1+8A_2)][f^{-1}(x,\gamma)+2(1-2\gamma)(1-8A_2)]^2}\times C \qquad (5\text{-}41)$$

其中

$$B = 8x^{-2}(-1+2\gamma)A_3+2x^{-4\gamma}f^{-1}(x,\gamma)(-1+2\gamma)A_5+x^{2-8\gamma}f^{-2}(x,\gamma)A_7$$

$$C = 8(-1+2\gamma)A_4+2f^{-1}(x,\gamma)(-1+2\gamma)A_6+f^{-2}(x,\gamma)A_8$$

$$A_1 = \frac{x}{8}\left(1-\frac{x^{-4\gamma+2}-x}{2(1-x)f(x,\gamma)}\right),\ A_2 = \frac{1}{8x}\left(1-\frac{x^{-4\gamma+2}-x}{2(1-x)f(x,\gamma)}\right)$$

$$A_3 = (-1+\gamma)^2 + 256A_1^3\gamma(-1+2\gamma) + 4A_1(1+\gamma-2\gamma^2) - 32A_1^2(-3+2\gamma(2+\gamma))$$

$$A_4 = (-1+\gamma)^2 + 256A_2^3\gamma(-1+2\gamma) + 4A_2(1+\gamma-2\gamma^2) - 32A_2^2(-3+2\gamma(2+\gamma))$$

$$A_5 = -1 - 48A_1 + 8A_1\gamma(7+16A_1) - \gamma + 2(1-8A_1)^2\gamma^2$$

$$A_6 = -1 - 48A_2 + 8A_2\gamma(7+16A_2) - \gamma + 2(1-8A_2)^2\gamma^2$$

$$A_7 = -3 + \gamma(9-6\gamma+8A_1(1+2\gamma)), \quad A_8 = -3 + \gamma(9-6\gamma+8A_2(1+2\gamma))$$

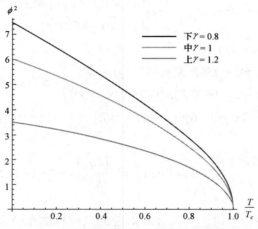

图 5-11　序参量随非线性电荷参数的变化曲线

对于给定非线性电荷参数的 EPYM AdS 黑洞，由于 $P|_{r=r_1} \geqslant 0$ 和

$\frac{\partial P}{\partial r}|_{r=r_1} \geqslant 0$，相 1 的黑洞视界半径存在最小值，因此 $x \in [x_{\min}, 1]$，

$\dfrac{(3-4\gamma)(1+x_{\min})(1-x_{\min}^{4\gamma}) + 8\gamma x_{\min}^2(1-x_{\min}^{4\gamma-3})}{2(3-4\gamma)(1-x_{\min})^3} = \dfrac{4\gamma-1}{2}$，需注意 $x_{\min}$ 与 YM 电

荷无关。图 5-12 给出了两共存相对应的几何标曲率随黑洞视界半径比值的变化行为，其中断线代表相 2 的几何标曲率 R_2，实线代表相 1 的几何标曲率 R_1。在图 5-12（a）中，$q = 0.85$，从下到上非线性电荷参数分别为：0.78、0.82、1；在图 5-12（b）中，$q = 0.85$，从下到上非线性电荷参数分别为：1、1.2、1.5；在图 5-12（c）中，$\gamma = 0.8$，从下到上电荷值分别为 0.75、0.85、0.95 和 1。从图 5-12 中可以看到，对于给定

的 YM 电荷 q 和非线性电荷参数 γ，两共存相对应的几何标曲率的差值 $\Delta R(x) = R_2(x) - R_1(x)$ 随着 q 和 γ 的增加而减小。当 $x \to 1$，$\Delta R(x) \to 0$，$R_1 = R_2 = R_c$。当 $1 \geqslant \gamma > 3/4$，R_c 随着 q 和 γ 的增加而增加，反之当 $\gamma \geqslant 1$，R_c 随着 γ 的增加而减小。

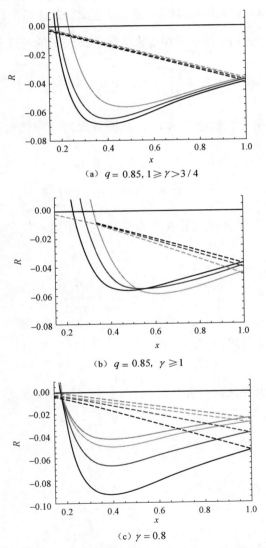

（a）$q = 0.85, 1 \geqslant \gamma > 3/4$

（b）$q = 0.85, \gamma \geqslant 1$

（c）$\gamma = 0.8$

图 5-12   当系统经历一阶相变时，不同非线性电荷参数值和不同电荷值下两共存相对应的标曲率函数曲线

5.1.4　不稳定光子轨道和黑洞阴影

（1）不稳定的光子轨道

对于 EPYM–AdS 黑洞系统，考虑一个在黑洞赤道平面（ $\theta = \pi / 2, p_\theta = 0$ ）内运动的自由光子 p_θ 为光子在 θ 的动量。该粒子的拉氏量为

$$H = \frac{1}{2}(-f^{-1}p_t^2 + fp_r^2 + r^{-2}p_\phi^2) \qquad (5\text{-}42)$$

该系统有两个矢量场 ∂_t 和 ∂_ϕ ，从而导致两个守恒量，粒子的能量和轨道角动量

$$-E = p_t = -f(r)\dot{t}, L = p_\phi = r^2\dot{\phi} \qquad (5\text{-}43)$$

这里的 "." 代表对放射联络的求导。光子的不稳定轨道可由下列方程给出

$$\dot{p}_\mu = -\frac{\partial H}{\partial x^\mu}, \dot{x}^\mu = \frac{\partial H}{\partial p_\mu} \qquad (5\text{-}44)$$

相应的分量形式为

$$\dot{p}_t = 0, \dot{p}_\phi = 0, \dot{p}_\theta = 0, \dot{p}_r = -\frac{1}{2}\left(\frac{f'p_t^2}{f^2} + f'p_r^2 + 2fp_r p_r' - \frac{2p_\phi^2}{r^3}\right)$$

$$\dot{t} = -\frac{p_t}{f}, \dot{r} = fp_r, \dot{\phi} = \frac{p_\phi}{r^2}$$

由于 $H = 0$ ，可得

$$\dot{r}^2 + V_{\text{eff}} = 0, V_{\text{eff}} = \frac{L^2 f}{r^2} - E^2 \qquad (5\text{-}45)$$

有效势函数随 L/E 的变化行为如图 5-13 所示，参数取为 $\gamma=1.01, P=0.003, q=1.9, M=2$，从下到上，$L/E$ 由 0.5 取到 36。由于 $\dot{r}^2 \geqslant 0$，因此要求 $V_{\text{eff}}<0$，即光子仅仅可以在负的有效势中存在。对于小的 L/E，光子更容易掉入黑洞，随着 L/E 的增加，有效势的局域极大值增大，从而导致光子在掉入黑洞前被反射回去。因此，有效势存在一种临界情形，即其局域极大值为零，光子的径向速度也消失，这正好是不稳定光子轨道的半径。

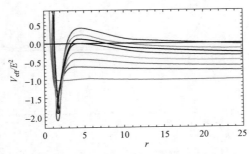

图 5-13　不同 L/E 值下有效势函数随黑洞视界半径的变化曲线

由于系统是静态球对称的，因此不稳定的光子轨道是个圆，其半径 r_{ph} 由下列方程决定

$$V_{\text{eff}}=0, \frac{\mathrm{d}V_{\text{eff}}}{\mathrm{d}r}=0, \frac{\mathrm{d}^2 V_{\text{eff}}}{\mathrm{d}r^2}<0 \qquad (5\text{-}46)$$

由上述方程可得光子轨道半径 r_{ph} 和品质参数 μ_{ph}

$$\mu_{ph} \equiv \frac{L}{E_c}\Big|_{r_{ph}} = \frac{r}{\sqrt{f(r)}}\Big|_{r_{ph}}, 2f(r)\Big|_{r_{ph}} = rf'(r)\Big|_{r_{ph}} \qquad (5\text{-}47)$$

光子轨道半径随非线性电荷参数和品质参数的变化行为如图 5-14 所示，其中，参数取为：$P=0.003$，$M=2$。在图 5-14（a）中，从上到下品质参数值分别为 $\mu_{ph}=1,10,21.6,27,28,28.5$，在图 5-14（b）中，从下

到上非线性电荷参数值分别为 $\gamma = 0.85, 0.95, 0.98, 1, 1.005, 1.01$。从图中可以看出对于给定压强和质量的 EPYM AdS 黑洞系统，对应的 $\gamma - r_{ph}$ 和 $\mu_{ph} - r_{ph}$ 存在临界曲线。相应的临界值如表 5-1 所示，临界品质参数、临界半径和临界非线性电荷参数都随着 YM 电荷参数的增加而增加。

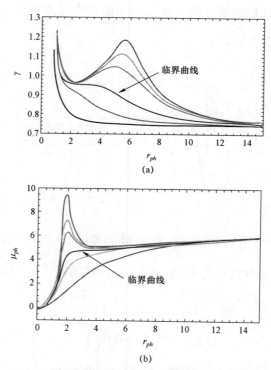

图 5-14 （a）不同品质参数下非线性电荷参数随光子轨道半径的变化曲线；
（b）不同非线性电荷参数下品质参数随光子轨道半径的变化曲线

接下来分析该系统在两种不同坐标（黑洞视界半径和光子轨道半径）下对应的相变关系。由于 r_{ph} 满足方程（5-47），所以有

$$r_{ph} = r_{ph}(r_+) \text{ 或 } r_+ = r_+(r_{ph}), f'(r_{ph}) = \frac{2r_{ph}}{\mu_{ph}^2} = \frac{\mathrm{d}f(r_{ph})}{\mathrm{d}r_{ph}} = \frac{\mathrm{d}f(r_+)}{\mathrm{d}r_+}\frac{\mathrm{d}r_+}{\mathrm{d}r_{ph}} > 0$$

（5-48）

由于系统的温度必须为正，故而

$$\frac{\mathrm{d}f(r_+)}{\mathrm{d}r_+} = \frac{T}{4\pi} > 0 \qquad (5\text{-}49)$$

结合上述两方程可得

$$\frac{\mathrm{d}r_+}{\mathrm{d}r_{ph}} > 0 \qquad (5\text{-}50)$$

这意味着两种坐标之间是单调成正比例的。该系统的临界点满足

$$\frac{\mathrm{d}T(r_+)}{\mathrm{d}r_+}\big|_{r_+=r_c} = \frac{\mathrm{d}^2 T(r_+)}{\mathrm{d}r_+^2}\big|_{r_+=r_c} = 0 \qquad (5\text{-}51)$$

上式可以改写为

$$\frac{\mathrm{d}T(r_+)}{\mathrm{d}r_+}\big|_{r_+=r_c} = \frac{\mathrm{d}T(r_{ph})}{\mathrm{d}r_{ph}} \frac{\mathrm{d}r_{ph}}{\mathrm{d}r_+}\big|_{r_+=r_c} = 0, \qquad (5\text{-}52)$$

由此可知

$$\frac{\mathrm{d}T(r_{ph})}{\mathrm{d}r_{ph}}\big|_{r_{ph}=r_{phc}} = 0 \qquad (5\text{-}53)$$

此外，结合方程（5-50）和（5-53）和

$$\frac{\mathrm{d}^2 T(r_+)}{\mathrm{d}r_+^2}\big|_{r_+=r_c} = \left[\frac{\mathrm{d}^2 T(r_{ph})}{\mathrm{d}r_{ph}^2} \frac{\mathrm{d}r_{ph}}{\mathrm{d}r_+} + \frac{\mathrm{d}T(r_{ph})}{\mathrm{d}r_{ph}} \frac{\mathrm{d}}{\mathrm{d}r_{ph}} \left(\frac{\mathrm{d}r_{ph}}{\mathrm{d}r_+} \right) \right] \times \frac{\mathrm{d}r_{ph}}{\mathrm{d}r_+}\big|_{r_+=r_c} = 0$$

$$(5\text{-}54)$$

可得

$$\frac{\mathrm{d}T(r_{ph})}{\mathrm{d}r_{ph}}\big|_{r_{ph}=r_{phc}} = \frac{\mathrm{d}^2 T(r_{ph})}{\mathrm{d}r_{ph}^2}\big|_{r_{ph}=r_{phc}} = 0. \qquad (5\text{-}55)$$

即两种不同坐标下 $r_+ - T$ 和 $r_{ph} - T$ 相图中的临界点相同。此外，

$$\frac{\mathrm{d}T(r_+)}{\mathrm{d}r_+} = \frac{\mathrm{d}T(r_{ph})}{\mathrm{d}r_{ph}} \frac{\mathrm{d}r_{ph}}{\mathrm{d}r_+} > 0 \text{ 或} < 0 \text{ 对应的是 } \frac{\mathrm{d}T(r_{ph})}{\mathrm{d}r_{ph}} > 0 \text{ 或} < 0 \text{。}$$

表 5-1　不同 YM 电荷参数下 $r_{ph}-\gamma$ 相图中的临界值，黑洞质量参数取为 2

q	0.85	1	1.5	1.9	2
μ_{phc}^2	7.351 52	10.183 65	17.910 95	21.564 5	22.216
r_{phc}	1.066 11	1.336 39	2.186 52	2.74	2.863 03
γ_c	0.804 02	0.821 64	0.893 34	0.960 51	0.978 18

对于 $\gamma=1$ 的情形，该系统的不稳定光子轨道半径为

$$r_{ph} = \frac{1}{2}(3M + \sqrt{9M^2 - 8q^2})$$ （5-56）

这个结果与带电黑洞系统的光子轨道一致。结合方程（5-8），上式可以改写为

$$r_{ph} = \frac{3\pi q^2 + S(3+8PS) + \sqrt{[3\pi q^2 + S(3+8PS)]^2 - 32\pi q^2 S}}{4\sqrt{\pi S}}$$

（5-57）

临界光子轨道半径为 $r_{phc}=(2+\sqrt{6})q$。同时考虑方程（5-7），系统的温度可以表示为光子轨道半径的函数形式，具体变化行为如图 5-15（a）所示。从图中可以看到对于 $P<P_c$，该曲线呈现非单调行为，直到 $P>P_c$，非单调行为消失。当 $P=P_c$，该曲线在 $r_{ph}=r_{phc}$ 处会出现折点。这些行为与范德瓦耳斯系统等压情形下的 $T\text{-}S$ 行为类似，这表明一阶相变的存在。此外，温度作为品质参数平方的函数也具有类似的行为，如图 5-15（b）所示。对于 $\gamma=1.5$ 的情形，相应的数值结果如图 5-16 所示，其中参数取为：$q=1.9$，$P=P_c-0.002$，在图 5-16（a）中，$\gamma=1$，在图 5-16（b）中，$\gamma=1.5$。在两种不同坐标下，系统的相变点是一样的，即 $T-r_{+,ph}$ 相图，如图 5-17 所示（参数为：$q=1.9$，$\gamma=1.5$，从下到上压强值 $P_c-0.000\,4$ 到 $P_c+0.000\,3$ 变化），然而系统的两共存相对应的光子轨道半径比黑洞视界半径大。

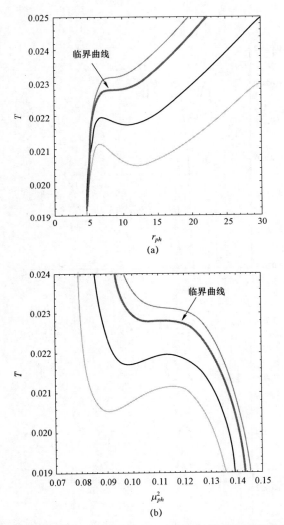

图 5-15　不同压强下温度随光子球半径和品质参数平方的变化曲线，其中
参数为：$q=1.9$，$\gamma=1$，从下到上压强从 $P_c-0.002$ 到 $P_c+0.000\,4$ 变化

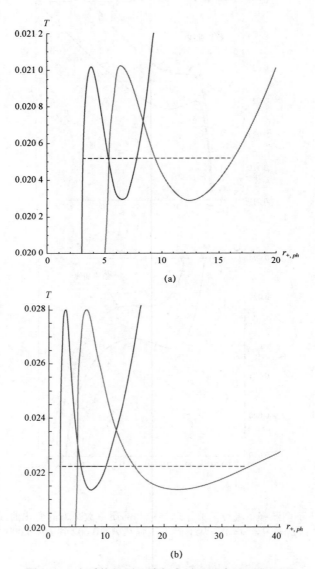

图 5-16　当系统经历一阶相变时，温度随黑洞视界
半径和光子球半径的变化曲线

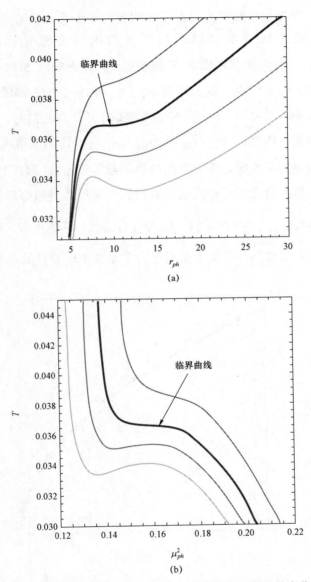

图 5-17　不同压强下温度随光子球半径和品质参数平方的变化曲线

此外，在系统相变时，两共存相的光子轨道半径以及品质参数都存在突变。该突变量在临界点与温度之间存在一个普适性的关系。因此引入约化的光子轨道半径以及品质参数的突变量，即 $\Delta r_{ph}/r_{phc}$ 和 $\Delta\mu_{ph}/\mu_{phc}$，并作为约化温度 T/T_c 的函数，其行为如图 5-18 所示，相应的参数取为 $\gamma=1, q=1.9$。很明显地 $\Delta r_{ph}/r_{phc}$ 和 $\Delta\mu_{ph}/\mu_{phc}$ 都随着约化温度的增加而减小，直到 $T/T_c=1$ 时二者都趋于零。与此同时，一阶相变转变为二阶相变。因此，$\Delta r_{ph}/r_{phc}$ 和 $\Delta\mu_{ph}/\mu_{phc}$ 可以作为该系统的序参量。对于普通的热力学系统，序参量的临界指数等于 1/2。那么对于该系统，这两个序参量是否也具有相同的临界指数？采用数值拟合可得到[38]

$$\Delta r_{ph}/r_{phc}\sim 3.935\sqrt{1-T/T_c}, \Delta\mu_{ph}/\mu_{phc}\sim 1.1423\sqrt{1-T/T_c} \quad （5\text{-}58）$$

表明该系统也具有类似于普通热力学系统中序参量的临界指数。

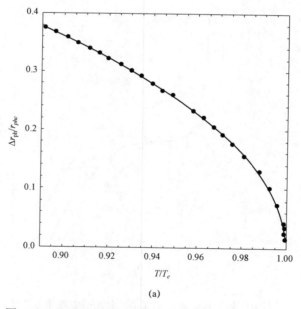

(a)

图 5-18　当系统经历一阶相变时，$\Delta r_{ph}/r_{phc}-T/T_c$ 和
$\Delta\mu_{ph}/\mu_{phc}-T/T_c$ 的图像，其中参数为：$q=1.9$，$\gamma=1$

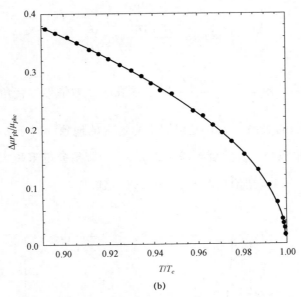

(b)

图 5-18　当系统经历一阶相变时，$\Delta r_{ph}/r_{phc} - T/T_c$ 和
$\Delta \mu_{ph}/\mu_{phc} - T/T_c$ 的图像，其中参数为：$q = 1.9$，$\gamma = 1$（续）

考虑从径向坐标 r_0 处（即观者的位置）发出的光，大致可以分为两类：第一类的光线在被黑洞偏转后会到达无穷远；第二类的光最后进入黑洞视界。如果观者和黑洞之间没有光源，则对于第二类的光其初始方向对应于观者天空中的黑暗面。观者天空中的这个黑暗圆盘被称为黑洞阴影。阴影的边界由逐渐螺旋向最外层光子球的光线的初始方向决定。请注意，光子球中的光线相对于径向扰动是不稳定的。考虑从观者位置 r_0 处发出的光，对于径向方向其偏转角 α 由下列公式给出

$$\cot \alpha = \sqrt{\frac{g_{rr}}{g_{\phi\phi}}} \frac{\mathrm{d}r}{\mathrm{d}\phi}\Big|_{r_0} = \sqrt{\frac{1}{f(r)r^2}} \frac{\mathrm{d}r}{\mathrm{d}\phi}\Big|_{r_0} \tag{5-59}$$

又因为光子的圆轨道方程为

$$\frac{\mathrm{d}r}{\mathrm{d}\phi} = \sqrt{f(r)r^2} \sqrt{\frac{r^2}{\mu^2 f(r)} - 1} \tag{5-60}$$

所以偏转角可以重新改写为

$$\sin^2 \alpha = \frac{\mu^2 f(r_0)}{r_0^2}, \mu \equiv \frac{L}{E}. \quad （5\text{-}61）$$

临界的偏转角 $\sin^2 \alpha_c = \frac{\mu_{ph}^2 f(r_0)}{r_0^2}$，这表明 μ 与临界偏转角和观察者的位置有着密切的关系，这就是黑洞引力透镜的现象。对于 μ 值较大的光线，其偏转角较小。μ 值逐渐减小到 μ_{ph}，偏转角会越来越大，直到达到临界值的 α_c。这些结论从图 5-19 中可以得到。

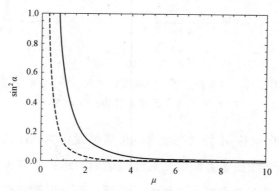

图 5-19 $\sin^2 \alpha$ 随品质参数的变化曲线，其中参数为：$q = 1.9$，$P = 0.000\,3$，$M = 2$，从左到右观测者的位置半径从 1 变到 1 000

（2）黑洞阴影

上一小节得到了光子的临界偏转角满足：$\sin^2 \alpha_c = \frac{\mu_{ph}^2 f(r_0)}{r_0^2}$，这里需要注意临界偏转角 α_c 就是对于 r_0 处观者而言黑洞阴影半径所张开的角度。因此对于观者而言该系统的黑洞阴影半径为[39]

$$r_s = \frac{r_{ph}}{\sqrt{f(r_{ph})}} \sqrt{f(r_0)} \quad （5\text{-}62）$$

为了研究黑洞阴影与相变之间的关系，可以采用数值拟合方法给出了临界点附近两共存相对应的视界半径（r_1 和 r_2）与温度的函数关系

$$r_1 \approx \begin{cases} 2.65\times10^7 T^4 - 8.16\times10^5 T^3 + 8.77\times10^3 T^2 + 1.9, \gamma=1 \\ 2.39\times10^6 T^4 - 1.2\times10^5 T^3 + 2.16\times10^3 T^2 + 1.77, \gamma=1.5 \end{cases}$$

（5-63）

$$r_2 \approx \begin{cases} -7.11 + 3.81\times10^{-10} T^{-3} - 2.52\times10^{-6} T^{-2} + 0.32 T^{-1}, \gamma=1 \\ -4.12 + 8.1\times10^{-10} T^{-3} - 3.27\times10^{-6} T^{-2} + 0.32 T^{-1}, \gamma=1.5 \end{cases}$$

（5-64）

这里 YM 电荷参数取为 1.9。相应的共存曲线对应的函数关系为

$$P \approx \begin{cases} -6.42\times10^5 T^8 + 6.33\times10^3 T^7 - 1.49\times10^3 T^6 + 7.27 T^5 + \\ 1.13\times10^3 T^4 - 5.58 T^3 + 1.3 T^2, \gamma=1 \\ 250 T^8 + 17.5 T^7 - 116.9 T^6 - 16.4 T^5 - 0.57 T^4 + \\ 15.32 T^3 + 1.01 T^2, \gamma=1.5 \end{cases}$$

（5-65）

　　结合方程（5-57）和（5-62～5-65），并取 $f(r_0)=1^{[40]}$，当系统取不同压强和 YM 电荷值时黑洞阴影半径随视界半径的变化曲线如图 5-20 和 5-21 所示，其中非线性的 YM 电荷参数取值分别为：$\gamma=1$ 和 $\gamma=1.5$，图 5-21 中参数为：$q=1.9$，$\gamma=1$，观测者的位置半径为 $r_0=100$。值得注意的是：在两种极限下（$r_+ \to 0$ 和 $r_+ \to \infty$），黑洞阴影半径的极限值相同，即 $r_s|_{r_+ \to 0,\infty} = \begin{cases} \sqrt{-\dfrac{3}{\Lambda}} = \sqrt{\dfrac{3}{8\pi P}}, \gamma=1 \\ \dfrac{4.341\,6}{4\pi\sqrt{P}}, \qquad \gamma=1.5 \end{cases}$。对于 $\gamma=1$ 和 $\gamma=1.5$，黑洞阴影半径与 $\sqrt{P}$ 的极限比值都为 0.345 494。这意味着该系统的黑洞阴影极限半径与 YM 电荷信息无关，仅取决于系统的压强。

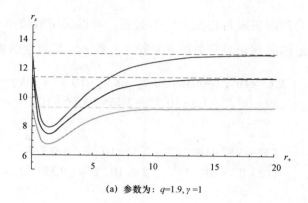

(a) 参数为：$q=1.9, \gamma=1$

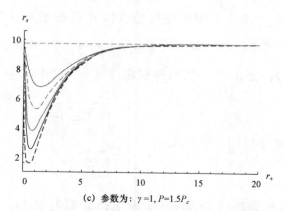

(b) 参数为：$q=1.9, P=0.000\ 699 < P_c$

(c) 参数为：$\gamma=1, P=1.5P_c$

图 5-20 （a）不同压强下，黑洞阴影半径随着黑洞视界半径的变化曲线；
（b）不同非线性电荷参数值下，黑洞阴影半径随黑洞视界半径的变化曲线；
（c）不同电荷值下，黑洞阴影半径随黑洞视界半径的变化曲线

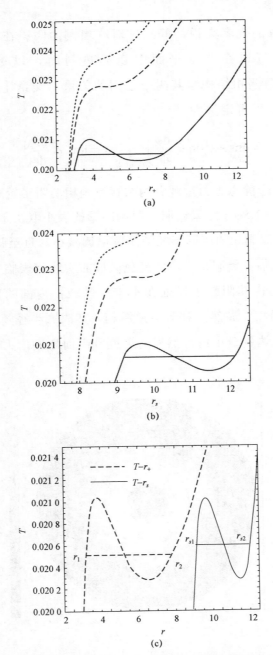

图 5-21　当系统经历一阶相变时，不同压强下温度随黑洞阴影半径（a）和黑洞视界半径
（b）的变化曲线，以及系统的相变温度随黑洞阴影半径和黑洞视界半径的变化曲线（c）
参数为：$q=1.9$, $\gamma=1$, 观测者的位置半径为 $r_0=100$

对于任意的观者来说，静态球对称黑洞的阴影在二维平面上是个圆，因此可以在二维平面中建立热剖面，以更直观地呈现 EPYM AdS 黑洞相结构与其阴影之间的关系。文章［41］中，黑洞阴影的天体坐标可定义为

$$x = \lim_{r \to \infty} \left(-r^2 \sin \theta_0 \frac{\mathrm{d}\phi}{\mathrm{d}r} \right)_{\theta_0 \to \pi/2} , y = \lim_{r \to \infty} \left(r^2 \frac{\mathrm{d}\theta}{\mathrm{d}r} \right)_{\theta_0 \to \pi/2} \quad （5\text{-}66）$$

由此，对于静态无穷远观者两共存黑洞相的阴影轮廓如图 5-22 所示（$\gamma=1$ 和 $\gamma=1.5$）。结果表明，黑洞阴影的大小取决于系统的温度。当 $T < T_c$，大黑洞相的阴影半径随温度单调减小，直至临界阴影大小，它对应的是超临界黑洞相，中间亮色区域的实线代表临界阴影曲线；对于小黑洞相，其阴影半径处在小半径区域；内部的黑盘代表共存的大和小黑洞相。显然，对于小黑洞相，其阴影半径随温度降低而缓慢减小，直至达到最小值，然后随温度升高而急剧增大。这些结论与图 5-21 的一致。

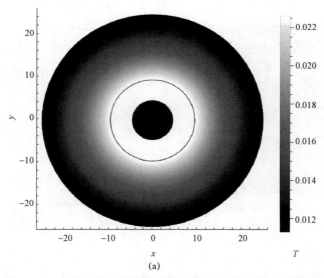

图 5-22 两个共存大、小黑洞相的黑洞阴影随相变温度的变化
（a）、（b）参数为：$q=1.9$，$\gamma=1$；（c）、（d）参数为：$\gamma=1.5$

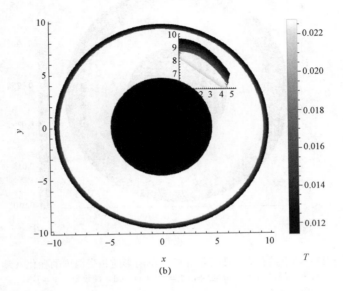

(b)

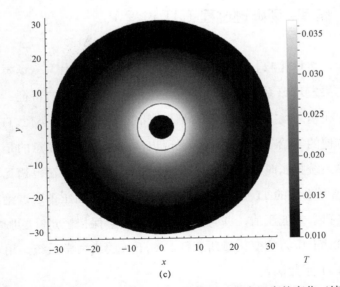

(c)

图 5-22　两个共存大、小黑洞相的黑洞阴影随相变温度的变化（续）

（a）、（b）参数为：$q = 1.9$，$\gamma = 1$；（c）、（d）参数为：$\gamma = 1.5$

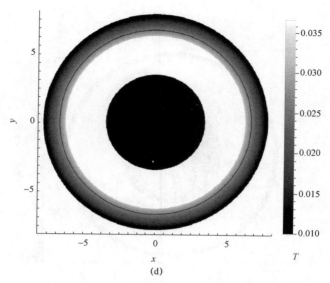

图 5-22　两个共存大、小黑洞相的黑洞阴影随相变温度的变化（续）
（a）、（b）参数为：$q=1.9$，$\gamma=1$；（c）、（d）参数为：$\gamma=1.5$

5.1.5　焦耳–汤姆逊过程（JT 过程）

最近，文章［42］作者研究了 AdS 带电黑洞的焦耳–汤姆逊（JT）
膨胀，结果发现该系统具有类似范德瓦耳斯流体系统的特征。与此同时
研究了存在精致场[43]和旋转 AdS 黑洞[44]的情形，结果都类似。JT 膨胀[43,45]
是一种方便的等焓工具，热系统表现出热膨胀。值得注意的是，当温度
为 T 的热系统膨胀时，压力总是降低，导致负的 ∂P。在范德瓦耳斯系统
和 AdS 黑洞系统的 JT 膨胀中，气体/黑洞相位在高压下通过绝热管低压
部分的多孔塞或低压值，并且在膨胀过程中焓保持恒定。膨胀的特征是
由温度相对于压力的变化量所表征。对于普通热力学系统，用于描述膨
胀过程的 JT 系数满足

$$a=\left(\frac{\partial T}{\partial P}\right)_{H}, H=U+PV \qquad （5-67）$$

可以通过 JT 系数的正负来判断系统是处在冷却过程中还是在加热过程中，即，如果系统的温度随着压力的降低而升高，则 JT 系数为负，系统处于加热过程中；如果温度随着压力的降低而降低，则 JT 系数为正，系统处于冷却过程中。对于 EPYM AdS 黑洞系统，系统的质量参数 $\overline{M}$ 解释为焓，因此 JT 系数为

$$H = \overline{M}, a = \left(\frac{\partial T}{\partial \overline{P}}\right)_H = \left(\frac{\partial T}{\partial \overline{P}}\right)_{\overline{M},q} = \left(\frac{\partial T}{\partial r_+}\right)_{\overline{M},q} \bigg/ \left(\frac{\partial \overline{P}}{\partial r_+}\right)_{\overline{M},q} \quad （5\text{-}68）$$

注意为了区分研究相变性质的共存曲线和 JT 过程的反转曲线，本小节中系统的质量参数和压强分别表示为 $\overline{M}$ 和 $\overline{P}$。由温度和压强方程可得 JT 系数为

$$a = \frac{4r_+}{3} \frac{2 + 8\pi\overline{P}r_+^2 - \dfrac{[2\gamma(4\gamma-1)-3]2^\gamma q}{2(4\gamma-3)r_+^{4\gamma-2}}}{1 + 8\pi\overline{P}r_+^2 - \dfrac{2^\gamma q}{2r_+^{4\gamma-2}}}. \quad （5\text{-}69）$$

上式在 r_{+m} 处发散，且 $1 - 8\pi\overline{P}r_{+m}^2 - \dfrac{2^\gamma q}{2r_{+m}^{4\gamma-2}} = 0$。非常有趣的是该位置处系统的霍金温度正好为零，这意味着 JT 系数的发散点可能揭示极端 EPYM AdS 黑洞的某些信息。当 JT 系数和系统的温度同时为零时，黑洞视界半径满足

$$r_i^{4\gamma-2} = \frac{[2\gamma(4\gamma-1)-3]2^\gamma q}{4(4\gamma-3)} \quad （5\text{-}70）$$

这里下角标 "i" 代表反转的意思。将上式带入温度方程中，可得最小的反转温度为

$$T_i^{\min} = \frac{8\gamma^2 - 10\gamma + 3}{4\pi(8\gamma^2 - 2\gamma - 3)} \left(\frac{[8\gamma^2 - 2\gamma - 3]2^\gamma q}{4(4\gamma-3)}\right)^{-1/(4\gamma-2)} \quad （5\text{-}71）$$

则最小反转温度和临界温度之间的比值为

$$\frac{T_i^{\min}}{T_c} = \frac{(8\gamma^2 - 10\gamma + 3)(4\gamma - 1)}{4(8\gamma^2 - 2\gamma - 3)(2\gamma - 1)} \left(\frac{8\gamma^2 - 2\gamma - 3}{4\gamma(4\gamma - 3)(4\gamma - 1)} \right)^{-1/(4\gamma - 2)}$$

（5-72）

显然，该比值与 YM 电荷无关，其变化行为如图 5-23 所示。当 $\gamma \to \infty$，该比值趋于 1/2；对于 $\gamma \neq 1$ 的情形，该比值不等于 1/2，这与线性带电 YM 场论中的黑洞以及爱因斯坦−麦克斯韦理论中的黑洞结果完全不一样[43,45]。这种差异可能是由于非线性 YM 场或者热力学体积修改引起的。当 $1 < \gamma$ 时，该比值大于 1/2；当 $1/2 < \gamma < 1$ 时，该比值小于 1/2。此外，当压强为零时，系统的温度是最小的反转温度，将其带入质量方程中可得最小反转质量为

$$\overline{M}_{\min} = \frac{8\gamma^2 - 2\gamma - 1}{2(8\gamma^2 - 2\gamma - 3)} \left(\frac{(8\gamma^2 - 2\gamma - 3)2^{\gamma} q}{4(4\gamma - 3)} \right)^{1/(4\gamma - 2)}$$

（5-73）

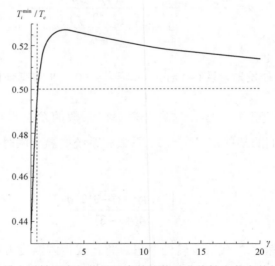

图 5-23 最小反转温度与临界温度的比值随非线性电荷参数的变化曲线

由于该系统 JT 过程中质量参数不变，因此可以通过最小反转质量来判断该系统是否处于 JT 过程：即当 $\overline{M} \geqslant \overline{M}_{\min}$ 时，系统才可以发生 JT 过程。当 $\gamma \to \infty$ 时，$\overline{M}_{\min} \to 1/2^{3/4}$；当 $\gamma > 3/4$，$\overline{M}_{\min} > 0$ 且该极限值随

非线性电荷参数的增加而减小。当 JT 系数为零时，可得反转温度和反转压强

$$\overline{P}_i = \frac{1}{8\pi r_i^2}\left(-2 + \frac{[2\gamma(4\gamma-1)-3]2^\gamma q}{2(4\gamma-3)r_i^{4\gamma-2}}\right), T_i = \frac{1}{4\pi r_i}\left(-1 + \frac{\gamma 2^\gamma q}{r_i^{4\gamma-2}}\right),$$

（5-74）

由上式可得不同 YM 电荷 q 和非线性电荷参数 γ 下的反转曲线如图 5-24 所示。其中，5-24（a）参数为 $q=1$，从左到右非线性电荷参数值为 0.85、0.9、1；5-24（b）参数为 $\gamma=0.85$，0.85、1、1.2。反转温度随 q 和 γ 的增加而增加。等焓曲线及 q, γ 对其的影响如图 5-25 所示。结果表明反转曲线将等焓曲线分成两部分：具有正斜率的冷却区域和具有负斜率的加热区域。

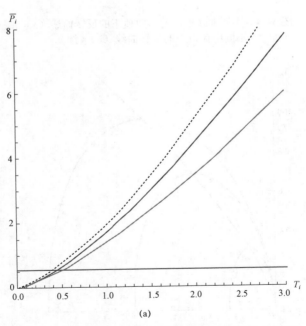

图 5-24　不同非线性电荷参数值下的反转曲线（a）和不同电荷值下的反转曲线（b）

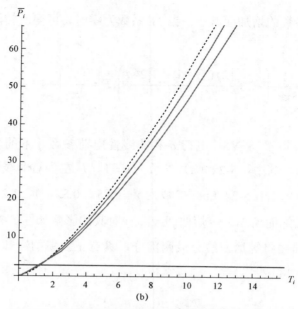

图 5-24　不同非线性电荷参数值下的反转曲线（a）和
不同电荷值下的反转曲线（b）（续）

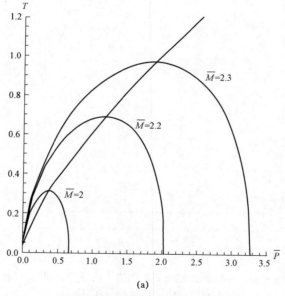

(a)

图 5-25　不同的黑洞质量参数下的等焓曲线和反转曲线

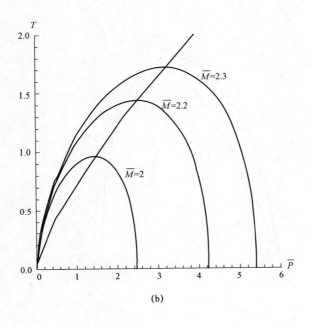

(b)

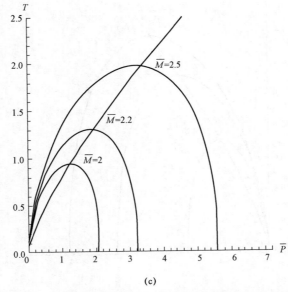

(c)

图 5-25 不同的黑洞质量参数下的等焓曲线和反转曲线（续）

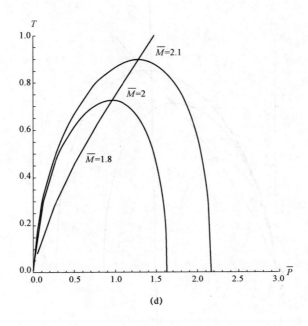

(d)

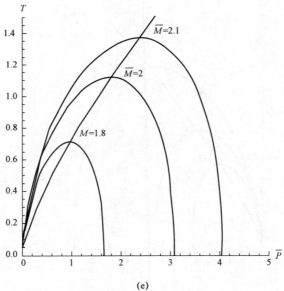

(e)

图 5-25 不同的黑洞质量参数下的等熵曲线和反转曲线（续）

5.1.6　限制相空间中的热力学相变

最近文章［34，47］作者提出负宇宙学常数被解释为正的热力学压强，而压强与宇宙半径和牛顿引力常数有关

$$P = -\frac{\Lambda}{8\pi G} \quad 或 \quad P = \frac{3}{8\pi G l^2} \tag{5-75}$$

由上式可知宇宙半径和牛顿引力常数的改变都会引起压强的变化。在自然单位制下，贝更斯坦 – 霍金熵和黑洞的霍金温度分别为

$$S = \frac{A}{4G} = \frac{\pi r_+^2}{G}, \quad T = \frac{\kappa}{2\pi} \tag{5-76}$$

在扩展相空间中，牛顿引力常数是不变量，黑洞质量参数被解释为系统的焓而非内能。因此，对于 EPYM AdS 黑洞系统，包含表面引力、电荷、宇宙学常数和黑洞面积的广义热力学第一定律形式为

$$\delta M = T\delta S + V\delta P + \Psi \delta q^{2\gamma} = \frac{\kappa}{8\pi G}\delta A - \frac{V}{8\pi G}\delta \Lambda + \Psi \delta q^{2\gamma} \tag{5-77}$$

相应的体积和电势分别为

$$V = \frac{4\pi r_+^3}{3}, \quad \Psi = \frac{2^{\gamma-2}}{(4\gamma-3)r_+^{4\gamma-3}} \tag{5-78}$$

文章［48-50］作者指出方程（5-77）中对上述热力学第一定律的全息解释可能会导致一些问题。热力学第一定律中由于宇宙学常数的变化而引起的 $V\delta P$，从边界共形场论（CFT）的角度来说应包含两项：边界 CFT 中引入的中心电荷和边界 CFT 理论中由于宇宙半径变化而引起的压力。解决此问题的方法就是引入 AdS/CFT 中对应的中心电荷[51]

$$C = \frac{kl^2}{16\pi G} \tag{5-79}$$

这里参数 k 是由系统边界上的信息所决定的。当选取质量参数的自变量为 $A, \Lambda, q^{2\gamma}, G$ 时，则质量参数的变分为

$$\delta M = \frac{\partial M}{\partial A}\delta A + \frac{\partial M}{\partial \Lambda}\delta \Lambda + \frac{\partial M}{\partial q^{2\gamma}}\delta q^{2\gamma} + \frac{\partial M}{\partial G}\delta G \qquad (5\text{-}80)$$

对比方程（5-77），并定义 $G\dfrac{\partial M}{\partial G} = -\xi$，则上式可以改写为

$$\delta M = \frac{\kappa}{8\pi G}\delta A - \frac{V}{8\pi G}\delta \Lambda + \Psi \delta q^{2\gamma} - \xi \frac{\delta G}{G} \qquad (5\text{-}81)$$

对于修正的质量参数[52] $GM = \mathcal{M}(A,\Lambda,Gq^{2\gamma})$，对其变分并考虑方程（5-80）则可得

$$G\delta M = \frac{\partial \mathcal{M}}{\partial A}\delta A + \frac{\partial \mathcal{M}}{\partial \Lambda}\delta \Lambda + \frac{G\partial \mathcal{M}}{\partial (Gq^{2\gamma})}\delta q^{2\gamma} + \left(\frac{q^{2\gamma}\partial \mathcal{M}}{\partial (Gq^{2\gamma})} - M\right)\delta G$$

$$\tag{5-82}$$

$$\Rightarrow \delta M = \frac{\partial \mathcal{M}}{G\partial A}\delta A + \frac{\partial \mathcal{M}}{G\partial \Lambda}\delta \Lambda + \frac{\partial \mathcal{M}}{\partial (Gq^{2\gamma})}\delta q^{2\gamma} + \left(\frac{q^{2\gamma}\partial \mathcal{M}}{\partial (Gq^{2\gamma})} - M\right)\frac{\delta G}{G}$$

$$\tag{5-83}$$

对比上式和方程（5-81），可知

$$\frac{\partial \mathcal{M}}{\partial A} = \frac{\kappa}{8\pi}, \quad \frac{\partial \mathcal{M}}{\partial \Lambda} = -\frac{V}{8\pi}, \quad \frac{\partial \mathcal{M}}{\partial (Gq^{2\gamma})} = \Psi, \quad \frac{q^{2\gamma}\partial \mathcal{M}}{\partial (Gq^{2\gamma})} - M = -\xi$$

$$\tag{5-84}$$

分别对压强、面积和中心荷方程中的宇宙学常数变分可得

$$\frac{\delta \Lambda}{\Lambda} = -\frac{\delta C}{2C} + \frac{\delta P}{2P}, \quad \frac{\delta G}{G} = -\left(\frac{\delta C}{2C} + \frac{\delta P}{2P}\right), \quad \frac{\delta A}{A} = \frac{\delta S}{S} - \frac{\delta P}{2P} - \frac{\delta C}{2C}$$

$$\tag{5-85}$$

并将上式代入方程（5-83）中，质量参数的变分可写为

$$\delta M = T\delta S + V_{\text{eff}}\delta P + \Psi \delta q^{2\gamma} + \mu \delta C \qquad (5\text{-}86)$$

其中等效热力学体积和化学势分别为

$$V_{\text{eff}} = \frac{1}{2P}(M - TS + PV - q^{2\gamma}\Psi), \quad \mu = \frac{1}{2C}(M - TS - PV - q^{2\gamma}\Psi) \quad (5\text{-}87)$$

这就是限制相空间中的热力学第一定律。引入约化的热力学参量 $\overline{M} = GM, \overline{S} = GS, \overline{P} = GP, \overline{q} = Gq^{2\gamma}, \overline{C} = GC$，则限制相空间中约化的热力学第一定律为

$$\delta \overline{M} = T\delta \overline{S} + V_{\text{eff}}\delta \overline{S} + \Psi \delta \overline{q} + \mu \delta \overline{C} \qquad (5\text{-}88)$$

相应地约化的等效热力学体积和化学势为

$$V_{\text{eff}} = \frac{1}{2\overline{P}}(\overline{M} - T\overline{S} + \overline{P}V - \overline{q}\,\Psi / 2), \quad \mu = \frac{1}{2C}(M - T\overline{S} - \overline{P}V - \overline{q}\,\Psi / 2)$$

（5-89）

因此约化的热力学第一定律积分式为

$$\overline{M} = T\overline{S} + \overline{P}V_{\text{eff}} + \overline{q}\,\Psi + \mu\overline{C}$$

（5-90）

由关系式 $\dfrac{\partial T}{\partial \overline{S}} = \dfrac{\partial^2 T}{\partial \overline{S}^2} = 0$，可得限制相空间中系统的临界热力学量为

$$r_c^{4\gamma-2} = \gamma(4\gamma-1)2^\gamma \overline{q}, \quad l_c^2 = \frac{6\gamma}{2\gamma-1}r_c^2, \quad \overline{P}_c = \frac{2\gamma-1}{16\pi\gamma r_c^2}$$

（5-91）

$$V_{\text{eff}}^c = \frac{1}{3}\pi r_c^3\left(\frac{6\gamma}{2\gamma-1} + \frac{3\gamma 2^{\gamma+1}\overline{q}r_c^{2-4\gamma}}{4\gamma-3} + 1\right), \quad T_c = \frac{2\gamma-1}{(4\gamma-1)\pi r_c}, \quad \overline{S}_c = \pi r_c^2$$

（5-92）

$$\mu_c = \frac{\pi(2\gamma-1)}{6\gamma^2 r_c}\left(\frac{2^{\gamma+1}\gamma(2\gamma-1)\overline{q}r_c^{2-4\gamma}}{4\gamma-3} + 1\right), \quad \overline{C}_c = \frac{3\gamma r_c^2}{8\pi(2\gamma-1)}$$

（5-93）

非线性电荷参数 γ 对约化的临界温度、临界压强和临界中心荷的影响如图 5-26 所示，其中电荷参数为 $\overline{q}=1$。当 $0.5 < \gamma \leqslant 0.5982$ 时，约化的临界温度和临界压强随着 γ 的增加而增加，然而约化的临界中心荷随之减小；当 $0.6456 \leqslant \gamma$ 时，约化的临界温度和临界压强随 γ 单调增加，约化的临界中心荷的变化行为却非如此；当 $0.5982 \leqslant \gamma \leqslant 0.6456$ 时，约化的临界中心荷和临界压强随之增加，然而约化的临界温度随之减小。

对于给定的 $\overline{q}$ 和 $\overline{P}_0 < \overline{P}_c$，相图中两相共存区域的边界约化熵分别为 $\overline{S}_1, \overline{S}_2$。相应的相变温度为 $\overline{T}_0$。由麦克斯韦等面积率 $T_0(\overline{S}_1 - \overline{S}_2) = \int_{\overline{S}_1}^{\overline{S}_2} T d\overline{S}$ 和物态方程可得该系统的一阶相变条件

$$r_2^{4\gamma-2} = \frac{2^\gamma \overline{q}\left[(3-4\gamma)(1+x)(1-x^{4\gamma}) + 8\gamma x^2(1-x^{4\gamma-3})\right]}{2x^{4\gamma-2}(3-4\gamma)(1-x)^3} = 2^\gamma \overline{q}f(x,\gamma)$$

（5-94）

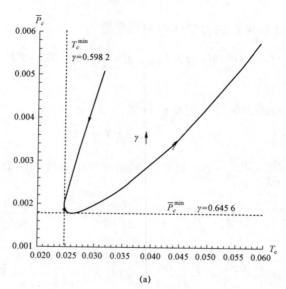

(a)

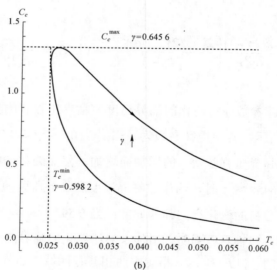

(b)

图 5-26　约化参数下，$\overline{T}_c - \overline{P}_c$ 相空间和 $\overline{T}_c - \overline{C}_c$ 相空间中的
临界曲线随非线性电荷参数的变化行为

结果表明在限制相空间中的一阶相变条件[53]与扩展相空间中的一致。相应的相图 $\overline{P} - V_{\mathrm{eff}}$, $\overline{C} - \mu$, $T - \overline{S}$ 如图 5-27 和 5-28 所示。其中，图 5-27 中的参数为 $\overline{q} = 1$，$\gamma = 0.85$；图 5-28（a）中的参数为 $\overline{q} = 1$，$\gamma = 1$，5-28（b）中的参数为 $\overline{q} = 1$，$T = 0.033 < T_c$。比较奇特的是在相图 $T - \overline{S}$ 中，

系统会呈现超临界相变：当 $\overline{C} > \overline{C}_c$，一阶相变才出现。而相图 $\overline{P} - V_{\text{eff}}$，$\overline{C} - \mu$，中没有出现超临界相变现象。

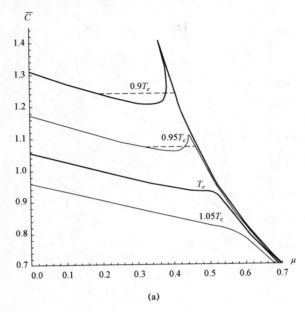

(a)

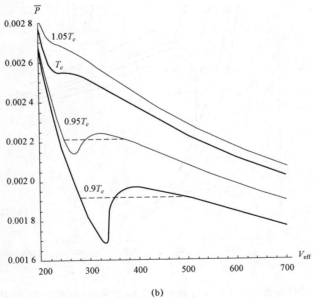

(b)

图 5-27　约化参数下，不同温度的 $V_{\text{eff}} - \overline{P}$ 相空间和 $\mu - \overline{C}$ 相空间中的一阶相图

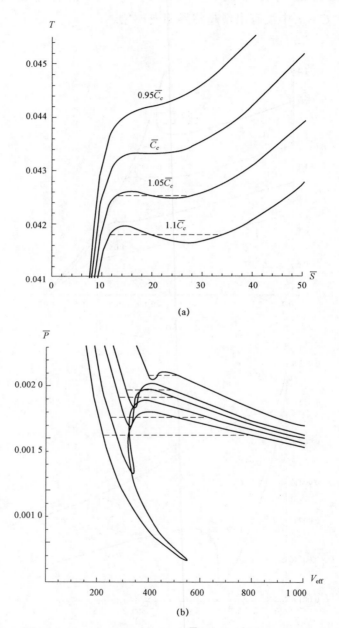

图 5-28　约化参数下，不同中心荷对应的 $\overline{S}-T$ 相空间中的一阶相图（a）和
不同非线性电荷参数对应的 $V_{\text{eff}}-\overline{P}$ 相空间的一阶相图（b）

5.2　Horava-Lifshitz（HL）AdS 黑洞

对于高维时空中 Horava-Lifshitz 引力理论[54]，该系统存在静态球对称的黑洞解[53]

$$f(r) = k + \frac{32\pi P r^2}{(1-\epsilon^2)d(d-1)} - 4r^{2-d/2}\sqrt{\frac{(d-2)MP\pi}{d(1-\epsilon^2)} + \frac{64\epsilon^2 P^2 \pi^2 r^d}{d^2(1-\epsilon^2)^2(d-1)^2}}$$

（5-95）

其中参数 $k = 0, \pm 1$ 代表时空中不同的拓扑结构。该系统的质量参数、体积、熵、温度和电势分别为

$$M = \frac{64\pi P r_+^d}{d(d-1)^2(d-2)} + \frac{1-\epsilon^2 dk^2 r_+^{d-2}}{16P\pi(d-2)} + \frac{4k r_+^{d-2}}{(d-1)(d-2)}$$

（5-96）

$$V = \frac{64\pi r_+^d}{d(d-1)^2(d-2)} - \frac{(1-\epsilon^2)dk^2 r_+^{d-4}}{16P^2\pi(d-2)}, \Psi = -\frac{dk^2 r_+^{d-4}}{16P\pi(d-2)},$$

（5-97）

$$S = \begin{cases} 4\pi r_+^2\left(1 + \frac{3k(1-\epsilon^2)\ln r_+}{8\pi P r_+^2}\right) + S_0 & \text{对于} \quad d = 3 \\ \frac{16\pi r_+^{d-1}}{(d-1)^2(d-2)}\left(1 + \frac{kd(d-1)^2(d-2)(1-\epsilon^2)}{32(d-2)(d-3)P\pi r_+^2} + S_0\right) \text{对于} d \geqslant 4 \end{cases}$$

（5-98）

$$T = \frac{1\,024P^2\pi^2 r_+^4 + 64k(d-1)(d-2)P\pi r_+^2 + k^2 d(d-1)^2(d-4)(1-\epsilon^2)}{8(d-1)\pi r_+[32\pi r_+^2 P + kd(d-1)(1-\epsilon^2)]}$$

（5-99）

对于不同压强情形下的四维 HL AdS 黑洞，其两相共存区域的边界熵分别为 S_1 和 S_2，相应的相变温度为 T_0。由麦克斯等面积率

$$T_0(S_2 - S_1) = \int_{S_1}^{S_2} T\mathrm{d}S \text{ 和物态方程可得}$$

$$T_0(S_2 - S_1) = \frac{16}{3} P\pi r_2^3 (1 - x^3) + 2kr_2(1 - x) - \frac{3k^2(1 - \epsilon^2)(1 - x)}{16\pi P r_2 x}$$

（5-100）

$$T_0\left(4\pi r_2^2(1 - x^2) - \frac{3k(1 - \epsilon^2)\ln x}{2P}\right)$$

$$= \frac{16}{3} P\pi r_2^3 (1 - x^3) + 2kr_2(1 - x) - \frac{3k^2(1 - \epsilon^2)(1 - x)}{16\pi P r_2 x}$$

（5-101）

其中 x 为两共存黑洞相的视界半径比值 $x = r_1 / r_2$。同时考虑方程（5-99）可得

$$2T_0 = 6k\epsilon^2 P\left(\frac{r_1}{16\pi P r_1^2 + 3k(1 - \epsilon^2)} + \frac{r_2}{16\pi P r_2^2 + 3k(1 - \epsilon^2)}\right) +$$

$$2(r_1 + r_2)P - \frac{k}{8\pi}\left(\frac{1}{r_1} + \frac{1}{r_2}\right)$$

（5-102）

$$0 = 6k\epsilon^2 P\left(\frac{r_1}{16\pi P r_1^2 + 3k(1 - \epsilon^2)} - \frac{r_2}{16\pi P r_2^2 + 3k(1 - \epsilon^2)}\right) +$$

$$2(r_1 - r_2)P - \frac{k}{8\pi}(1 / r_1 - 1 / r_2)$$

（5-103）

为了简化运算，定义新的参量 $y \equiv \frac{16\pi r_+^2}{k}P$，则有 $y_1 \equiv \frac{16\pi r_1^2}{k}P$, $y_2 \equiv \frac{16\pi r_2^2}{k}P$。上述方程和（5-101）可以重新写为

$$T_0 = \frac{y_2 k}{16\pi r_2}\left(\frac{(1 + x)(y_2 x - 1)}{y_2 x} + \frac{3\epsilon^2 x}{y_2 x^2 + 3(1 - \epsilon^2)} + \frac{3\epsilon^2}{y_2 + 3(1 - \epsilon^2)}\right)$$

（5-104）

$$0 = y_2^3 x^3 + y_2^2 x[3(1 + x^2)(1 - \epsilon^2) + x(1 - 3\epsilon^2)]$$

$$+ 3y_2(1 - \epsilon^2)[1 + 3x + x^2] + 9(1 - \epsilon^2)^2$$

（5-105）

$$\frac{4\pi r_2 T_0}{k}\left(1 + x - \frac{6(1 - \epsilon^2)\ln x}{y_2(1 - x)}\right) = \frac{y_2(1 + x + x^2)}{3} + 2 - \frac{3(1 - \epsilon^2)}{y_2 x}$$

（5-106）

由此可得临界参量

$$y_c = \frac{2\sqrt{3}-1}{3}, \quad \epsilon_c^2 = \frac{4}{9}\left(1+\frac{2}{\sqrt{3}}\right) \tag{5-107}$$

将上式带入温度和压强方程中，可得临界温度和临界压强满足

$$8\pi r_c T_c = \frac{4\sqrt{3}k}{3}, 16\pi r_c^2 P_c = ky_c = \frac{(2\sqrt{3}-1)k}{3} \tag{5-108}$$

引入新的参数 $\xi = \dfrac{1-\epsilon^2}{1-\epsilon_c^2}$，方程（5-105）可以改写为

$$0 = \frac{3}{11}(15+8\sqrt{3})x^3 y_2^3 + y_2\xi(1+3x+x^2) + \frac{1}{9}(15-8\sqrt{3})\xi^2$$
$$+ xy_2^2\left[(1+x+x^2)\xi - \frac{6}{11}(15+8\sqrt{3})x\right] \tag{5-109}$$

同时考虑方程（5-104）和（5-108）则有

$$xy_2\left(\frac{(1+x)(xy_2-1)}{xy_2} + \frac{27x-(15-8\sqrt{3})\xi x}{9x^2 y_2 + (15-8\sqrt{3})\xi} + \frac{27-(15-8\sqrt{3})\xi}{9y_2 + (15-8\sqrt{3})\xi}\right)$$
$$\times \left[9(1+x)y_2 - \frac{2(15-8\sqrt{3})\xi\ln x}{1-x}\right]$$
$$= 3(1+x+x^2)xy_2^2 + 18xy_2 - (15-8\sqrt{3})\xi \tag{5-110}$$

对于给定的参数 ξ 和 k，y_2 和 x 可由方程（5-109）和（5-110）给出。然后将其代入方程（5-106）中便可得到该系统的一阶相变的信息。不同参数 ξ 下相应的 T-S 曲线如图 5-29 所示，压强取为 0.1，参数为 $P=0.1$，$k=1$。由图可知，当参数 ξ 小于 1 时，即相变温度高于临界温度时，系统才会发生一阶相变。而这与其他的 AdS 黑洞的结果正好相反。这表明该系统可能具有不同于其他黑洞系统的性质，其相应的相变机制也可能是不一样的。在一阶相变点处，两共存的黑洞相满足：$16\pi r_1^2 P = ky_1 = F_1$，$16\pi r_2^2 P = ky_2 = F_2$。由于黑洞视界表面的压力为面积和压强的乘积，因此参量 y 可定义为黑洞视界表面的压力。故而该系统的相变可以看作为大/下压力黑洞相之间的相变[54]，这与其他带电 AdS 黑洞的相变结论是不一

样的[47,57]。

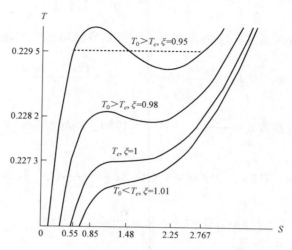

图 5-29　不同参数 $\xi = (1-\varepsilon^2)/(1-\varepsilon_c^2)$ 下的 S-T 相图

5.3　Gauss-Bonnet（GB）AdS 黑洞

对于 d 维 AdS 时空中的 Gauss-Bonnet 引力理论[58-60]，该系统存在静态球对称的黑洞解[59]

$$f(r) = 1 + \frac{r^2}{2\overline{\alpha}}\left(1 - \sqrt{1 + \frac{64\pi\overline{\alpha}M}{(d-2)\Sigma_k r^{d-1}} - \frac{64\overline{\alpha}P}{(d-2)(d-1)}}\right)$$

（5-111）

其中 $\alpha = (d-3)(d-4)\overline{\alpha}$，$\overline{\alpha}$ 是与 Gauss-Bonnet 系数相关的常数。接下来称 α 参数为 Gauss-Bonnet 系数，并且探究 5 维时空中 Gauss-Bonnet AdS 黑洞系统的热力学性质。Σ_k 是 $d-2$ 维最大对称性的爱因斯坦空间体积。该系统的黑洞视界半径为 r_+，相应的温度、质量参数、熵和体积分别为

$$T = \frac{8\pi r_+^3 P + 3r_+}{6\pi(r_+^2 + 2\alpha)}, \qquad M = \frac{3\pi r_+^2}{8}\left(1 + \frac{\alpha}{r_+^2} + \frac{4\pi r_+^2 P}{3}\right)$$

$$\text{（5-112）}$$

$$S = \frac{\pi^2 r_+^3}{2}\left(1 + \frac{6\alpha}{r_+^2}\right), \qquad V = \frac{\pi^2 r_+^4}{2} \qquad \text{（5-113）}$$

上述热力学参量满足热力学第一定律

$$\mathrm{d}M = T\mathrm{d}S + V\mathrm{d}P + \psi \mathrm{d}\alpha \qquad \text{（5-114）}$$

其中 α 的对偶热力学量为

$$\psi = \left(\frac{\partial M}{\partial \alpha}\right)_{S,P} = \frac{3\pi}{8} - \frac{3\pi^2 T r_+}{4} \qquad \text{（5-115）}$$

5.3.1　P–V 相图

对于不同温度 $T < T_c$ 情形下的 5 维 GB AdS 黑洞，其两相共存区域的边界体积分别为 V_1 和 V_2，相应的相变压强为 P_0。由麦克斯等面积率 $P_0(V_2 - V_1) = \int_{V_1}^{V_2} P\mathrm{d}V$ 和物态方程可得

$$P_0 = \frac{3T_0}{4r_1}\left(1 + \frac{2\alpha}{r_1^2}\right) - \frac{3}{8\pi r_1^2} = \frac{3T_0}{4r_2}\left(1 + \frac{2\alpha}{r_2^2}\right) - \frac{3}{8\pi r_2^2}, \qquad \text{（5-116）}$$

$$0 = P_0 r_2^3 (1+x)(1+x)^2 - T_0 r_2^2 (1+x+x^2) + 6T_0\alpha - \frac{3r_2}{4\pi}(1+x) \qquad \text{（5-117）}$$

其中 $x = r_1 / r_2$。由上式可得

$$r_2^2 = \frac{6\alpha}{x}, \; T_0 = \frac{3(1+x)}{2\pi r_2(1+4x+x^2)}, \; P_0 = \frac{3}{4\pi r_2^2(1+4x+x^2)} \qquad \text{（5-118）}$$

当 $x = 1$，临界的热力学参量为

$$r_c^2 = 6\alpha, \; T_0 = \frac{1}{2\pi\sqrt{6\alpha}}, \; P_0 = \frac{1}{48\pi\alpha} \tag{5-119}$$

为了研究方便，引入新的参数 $\chi = \dfrac{3(1+x)\sqrt{x}}{(1+4x+x^2)}(0 < \chi \leqslant 1)$，则系统的相变温度满足

$$T_0 = \chi T_c = \frac{\chi}{2\pi\sqrt{6\alpha}} \tag{5-120}$$

由上述方程可得不同 GB 参数值下该系统的一阶 $P-V$ 相图如图 5-30 所示，其中图 5-30（a）的参数为 $\alpha = 0.5$，图 5-30（b）的参数为 $\alpha = 1$，图 5-30（c）的参数为 $\alpha = 1.5$。

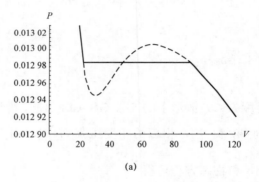

(a)

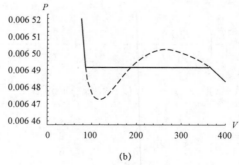

(b)

图 5-30　当系统经历一阶相变时，两共存相的视界半径
比值为 0.7 对应的 P-V 相图

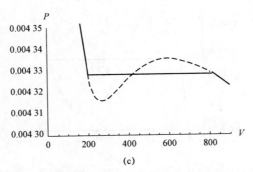

图 5-30　当系统经历一阶相变时，两共存相的视界半径
比值为 0.7 对应的 $P\text{-}V$ 相图（续）

5.3.2　$T\text{-}S$ 相图

对于不同压强 $P < P_c$ 情形下的 5 维 GB AdS 黑洞，其两相共存区域的边界熵分别为 S_1 和 S_2，相应的相变温度为 T_0。由麦克斯等面积率 $T_0(S_2 - S_1) = \int_{S_1}^{S_2} T\mathrm{d}S$ 和物态方程可得

$$T_0 = \frac{8\pi r_1^3 P + 3r_1}{6\pi(r_1^2 + 2\alpha)} = \frac{8\pi r_2^3 P + 3r_2}{6\pi(r_2^2 + 2\alpha)} \qquad （5\text{-}121）$$

由上式可得两项共存态对应的 r_2, T_0, P_0 解与方程（5-118）一致。相应的不同 GB 参数值下 $T - S$ 相图如图 5-31 所示，其中图 5-31（a）的参数为 $\alpha = 0.5$，图 5-31（b）的参数为 $\alpha = 1$，图 5-31（c）的参数为 $\alpha = 1.5$。

注意参数相同情形下，$P - V$ 和 $T - S$ 相图中对应的相变点相同。

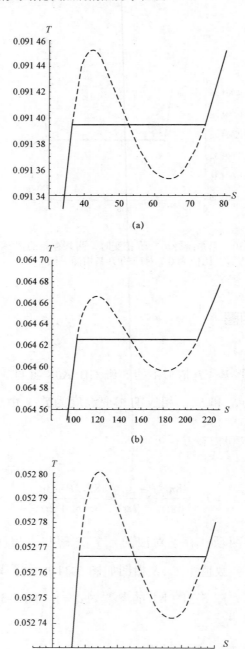

图 5-31　当系统经历一阶相变时，两共存相的视界半径比值为 0.7 对应的 *T-S* 相图

5.3.3　$\alpha-\psi$ 相图

对于 5 维 GB AdS 黑洞，其 $\alpha-\psi$ 相图中的两相共存区域边界势分别为 ψ_1 和 ψ_2，相应的相变 GB 参数为 α_0。由麦克斯等面积率 $\alpha_0(\psi_2-\psi_1)=\int_{\psi_1}^{\psi_2}\alpha\mathrm{d}\psi$ 和物态方程可得

$$\alpha_0=\frac{2P_0r_2^3}{3T_0}+\frac{r_2}{4\pi T_0}-\frac{r_2^2}{2}=\frac{2P_0r_1^3}{3T_0}+\frac{r_1}{4\pi T_0}-\frac{r_1^2}{2} \tag{5-122}$$

由上述方程可得

$$r_2^2=\frac{6\alpha}{x},\ T_0=\frac{3(1+x)}{2\pi r_2(1+4x+x^2)},\ P_0=\frac{3}{4\pi r_2^2(1+4x+x^2)} \tag{5-123}$$

与方程（5-118）完全一样。相应的 $\alpha-\psi$ 相图如图 5-32 所示。注意在参数相同情形下，$\alpha-\psi$、$P-V$ 和 $T-S$ 相图中对应的一阶相变点相同。

5.3.4　临界指数

对于 5 维时空中的 GB AdS 黑洞系统，在一阶相变点处，两共存相对应的 $\sqrt{\alpha}$ 和黑洞视界半径的比值会出现突变

$$\phi_1=\frac{\sqrt{\alpha}}{r_1}=\frac{1}{\sqrt{6x}},\ \phi_2=\frac{\sqrt{\alpha}}{r_2}=\sqrt{\frac{x}{6}} \tag{5-124}$$

这也表明了两个不同的黑洞相对应的微观结构不同。因此，引入一个新的序参量

$$\phi(T)\equiv\frac{\phi_1-\phi_2}{\phi_c}=\frac{1-x}{\sqrt{x}}=\frac{\psi_2-\psi_1}{\chi\left(\psi_c-\dfrac{3}{8\pi}\right)}, \tag{5-125}$$

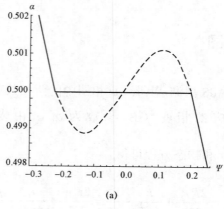

(a)

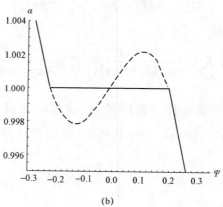

(b)

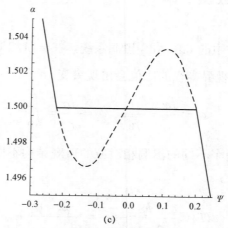

(c)

图 5-32　两共存相的视界半径比值为 0.7 对应的 $\alpha-\psi$ 相图

其中 $\phi_c = 1/\sqrt{6}, \psi_c = 3\pi/8 - 3\pi^2 T_c r_c/4$。序参量随温度的变化曲线如图 5-33 所示。

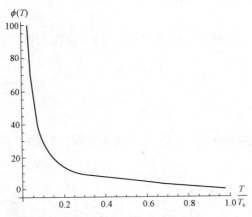

图 5-33　当系统温度小于临界温度时对应的 $\phi(T) - T/T_c$ 曲线

由朗道的连续相变理论可知序参量在临界温度附近是个小量。系统的吉布斯函数可以按照在临界点处序参量的指数次幂作展开。此外，由于 $\phi \rightleftharpoons -\phi$，系统是不变的。因此吉布斯函数的展开式中只包含序参量的偶数次幂

$$G(T,\phi) = G_0(T) + \frac{1}{2}a(T)\phi^2 + \frac{1}{2}b(T)\phi^4 + \cdots \tag{5-126}$$

其中 $G_0(T)$ 是当 $\phi(T) = 0$ 时的吉布斯函数。而解可以由给定温度和压强情形下系统的稳定平衡状态对应的吉布斯函数的最小值给出。当吉布斯函数取极小值时，

$$\phi(T) = 0, \quad \phi(T) = \pm\sqrt{\frac{-a(T)}{b(T)}} \tag{5-127}$$

其中 $\phi(T) = 0$ 代表系统是处于无序状态，对应的系统温度 $T > T_c$, $a(T) > 0$。而非零解代表的是有序状态，系统的温度 $T < T_c$, $a(T) < 0$。由于序参量是连续地由零转变为非零的，因此在临界

点处序参量应该为零。对应实的序参量，在临界点附近函数 $a(T)$ 可以写为

$$a(T) = a_0\left(\frac{T-T_c}{T_c}\right) = a_0 t \qquad (5\text{-}128)$$

由于 $T < T_c, \Rightarrow a(T) < 0$，所以 $b(T) > 0$。由此可得

$$\phi = \begin{cases} 0, \quad t > 0 \\ \pm\sqrt{\dfrac{a_0}{b}}(-t)^{1/2}, \quad t < 0 \end{cases} \qquad (5\text{-}129)$$

因此临界指数 $\beta = 1/2$。将上式代入方程（5-126）可得

$$G(T,\phi) = \begin{cases} G_0(T), \quad T > T_c \\ G_0(T) - \dfrac{a_0^2}{4b}\left(\dfrac{T-T_c}{T_c}\right)^{1/2}, \quad T < T_c \end{cases} \qquad (5\text{-}130)$$

临界点处的热容为

$$C(T > T_c)\big|_{T=T_c} - C(T > T_c)\big|_{T=T_c} = \frac{a_0^2}{2bT_c} \qquad (5\text{-}131)$$

故而临界指数 $\alpha = \alpha' = 0$。当系统的压强保持不变时，吉布斯函数的微分为

$$dG = -SdT - \alpha d\psi \qquad (5\text{-}132)$$

对方程（5-125）进行微分可得

$$d\phi = \frac{d\psi}{\chi(\psi_c - 3/8\pi)} \qquad (5\text{-}133)$$

再结合方程（5-126）可得

$$-\left(\frac{\partial\phi}{\partial\alpha}\right)_T = \begin{cases} \dfrac{\chi(\psi_c - 3/8\pi)}{a_0 t}, \quad t > 0 \\ \dfrac{\chi(\psi_c - 3/8\pi)}{-2a_0 t}, \quad t < 0 \end{cases} \qquad (5\text{-}134)$$

由此可知临界指数 $\gamma = \gamma' = 1$。又由于序参量存在三个解，所以临界

指数 $\delta = 3$。

5.3.5　几何标曲率

当该系统发生一阶相变时，两黑洞相对应的几何标曲率为[62]

$$R_1 = -\frac{2(1+4x+x^2)}{3\sqrt{6}\alpha^{3/2}\pi^2\sqrt{x}(1+3x)(1+4x+3x^2)}, \quad R_2 = -\frac{2x^{3/2}(1+4x+x^2)}{3\sqrt{6}\alpha^{3/2}\pi^2(3+x)(3+4x+x^2)}.$$

$$(5\text{-}135)$$

相应的曲线如图 5-34 所示，其中参数取为 $3\sqrt{6}\pi^2\alpha^{3/2}=2$。正如文章 ［63，64］中所述，对于气体系统，如果系统的标曲率为正，则代表粒子的平均相互作用是排斥的；如果标曲率为负，则系统微观粒子间的平均相互作用是吸引的；若标曲率为零，则粒子间无相互作用。从图 5-34 中可以看出，$0 > R_2 > R_1$，对于该系统，两共存相的标曲率都小于零，其相 2 的标曲率绝对值小于相 1 的标曲率绝对值，这表明两黑洞相的微观粒子之间的相互作用是吸引的，且相 2 的平均相互作用小于相 1 的平均相互作用。

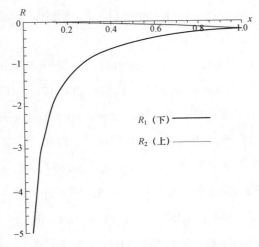

图 5-34　当参数为 $3\sqrt{6}\pi^2\alpha^{3/2}=0$ 时，一阶相变对应的
两共存黑洞相的标曲率随两视界半径比值的变化行为

参考文献

[1] CHAMBLIN A, EMPARAN R, JOHNSON C V, et al. Charged AdS black holes and catastrophic holography [J]. Phys. Rev. D, 1999, 60(6): 064018.

[2] JOHNSON C V. Holographic heat engines [J]. Mod. Phys. Lett. A, 2018, 33(20): 1850175.

[3] JOHNSON C V. An exact model of the power of holographic heat engines [J]. Phys. Rev. D, 2018, 98(2): 026008.

[4] BORN M. On the quantum mechanics of collisions [J]. Proc. Roy. Soc. Lond. A, 1934, 143: 410-437.

[5] BORN M, INFELD L. Foundations of the new field theory [J]. Proc. Roy. Soc. Lond. A, 1934, 144: 425-451.

[6] KATS Y, MOTL L, PADI M. Higher-order corrections to mass-charge relation of extremal black holes [J]. J. High Energ. Phys., 2007, 2007(12): 068.

[7] ANNINOS D, PASTRAS G. Thermodynamic instabilities of the BTZ black hole [J]. J. High Energ. Phys., 2009, 2009(7): 030.

[8] CAI R-G, NIE Z-Y, SUN Y-W. Shear viscosity from effective couplings of gravitons [J]. Phys. Rev. D, 2008, 78(12): 126007.

[9] SEIBERG N, WITTEN E. String theory and noncommutative geometry [J]. J. High Energ. Phys., 1999, 1999(9): 032.

[10] FRADKIN E, TSEYTLIN A. Effective field theory from quantized strings [J]. Phys. Lett. B, 1985, 163(1-4): 123-130.

[11] METSAEV R, RAHMANOV M, TSEYTLIN A. The Born-Infeld

action as the effective action in the open superstring theory [J]. Phys. Lett. B, 1987, 193(2-3): 207-212.

[12] BERGSHOEFF E, SEZGIN E, POPE C N, et al. The Born-Infeld action from conformal invariance of the open superstring [J]. Phys. Lett. B, 1987, 188(1-2): 70-78.

[13] TSEYTLIN A. Vector field effective action in the open superstring theory [J]. Nucl. Phys. B, 1986, 276(3-4): 391-428.

[14] GROSS D J, SLOAN J H. The quartic effective action for the heterotic string [J]. Nucl. Phys. B, 1987, 291: 41-89.

[15] DIRAC P. Lectures on Quantum Mechanics [M]. Dover Books on Physics, Dover Publications, 2013.

[16] BIALYNICKA-BIRULA Z, BIALYNICKI-BIRULA I. Nonlinear effects in quantum electrodynamics. Photon propagation and photon splitting in an external field [J]. Phys. Rev. D, 1970, 2: 2341-2345.

[17] EL MOUMNI H. Revisiting the phase transition of AdS-Maxwell power-Yang-Mills black holes via AdS/CFT tools [J]. Phys. Lett. B, 2018, 776: 124-130.

[18] ZHANG M, YANG Z-Y, ZOU D-C, et al. Phase transition of the Born-Infeld-anti-de Sitter black holes from thermodynamics and topology [J]. Gen. Rel. Grav., 2015, 47: 14.

[19] DE LORENCI V A, KLIPPERT R, NOVELLO M, et al. Nonlinear electrodynamics and FRW cosmology [J]. Physical Review D, 2002, 65(6): 063501.

[20] MAZHARIMOUSAVI S H, HALILSOY M. Black hole solutions in Einstein-Yang-Mills-Gauss-Bonnet theory [J]. Phys. Lett. B, 2009, 681: 190-194.

[21] DU Y-Z, LI H-F, LIU F, et al. Phase transition of non-linear charged

Anti-de Sitter black holes [J]. Chin. Phys. C, 2021, 45(11): 112001.

[22] LI R, WANG J. Thermodynamics and kinetics of Hawking-Page phase transition [J]. Phys. Rev. D, 2020, 102: 024085.

[23] CHENG P, WEI S-W, LIU Y-X. Critical phenomena in the extended phase space of Kerr-AdS black hole [J]. Phys. Rev. D, 2016, 94: 024025.

[24] ZOU D-C, LIU Y-Q, YUE R-H. Behavior of quasinormal modes and Van der Waals-like phase transition of charged AdS black holes in massive gravity [J]. Eur. Phys. J. C, 2017, 77: 365.

[25] DOLAN B P. Pressure and volume in the first law of black hole thermodynamics [J]. Class. Quant. Grav., 2014, 31: 135012.

[26] ALTAMIRANO N, KUBIZNAK D, MANN R B, et al. Kerr-AdS analogue of triple point and solid/liquid/gas phase transition [J]. Class. Quant. Grav., 2014, 31: 042001.

[27] DU Y-Z, ZHAO R, ZHANG L-C. Continuous phase transition of the higher-dimensional topological de-Sitter spacetime with the non-linear source [J]. Eur. Phys. J. C, 2022, 82(4): 370.

[28] ZHANG Y, WANG W-Q, MA Y-B, et al. Phase transition and thermodynamic geometry of Reissner-Nordström-AdS black hole in extended phase space [J]. Adv. High Energy Phys., 2020, 2020: 7263059.

[29] DU Y-Z, LI H-F, LIU F, et al. Dynamic property of phase transition for non-linear charged Anti-de Sitter black holes [J]. Chin. Phys. C, 2022, 46(5): 055104.

[30] MIAO Y-G, XU Z-M. Validity of Maxwell equal area law for black holes conformally coupled to scalar fields in AdS5 spacetime [J]. Phys.

Rev. D, 2018, 98: 044001.

[31] MIAO Y G, XU Z M. Thermodynamic behavior of the Friedmann equation at apparent horizon of FRW universe [J]. Nucl. Phys. B, 2019, 942: 205-220.

[32] MIAO Y G, XU Z M. Phase transition and entropy inequality of noncommutative black holes in a new extended phase space [J]. Eur. Phys. J. C, 2017, 77: 403.

[33] DEHYADEGARI A, SHEYKHI A, MONTAKHAB A. Critical behavior and microscopic structure of charged AdS black holes via an alternative phase space [J]. Phys. Lett. B, 2017, 768: 235-240.

[34] KASTOR D, RAY S, TRASCHEN J. Enthalpy and the mechanics of AdS black holes [J]. Class. Quant. Grav., 2009, 26: 195011.

[35] ALTAMIRANO N, KUBIZNAK D, MANN R B, et al. Kerr-AdS analogue of triple point and solid/liquid/gas phase transition [J]. Galaxies, 2014, 2: 89.

[36] GUO X Y, LI H F, ZHANG L C, et al. Continuous phase transition and microstructure of charged AdS black hole [J]. Eur. Phys. J. C, 2020, 80: 2.

[37] RUPPEINER G. Thermodynamic curvature and black holes [J]. Entropy, 2018, 20: 460.

[38] DU Y Z, LI H F, LIU F, et al. Photon orbits and phase transition for non-linear charged Anti-de Sitter black holes [J]. J. High Energy Phys., 2023, 137: 137.

[39] DU Y Z, LI H F, ZHOU X N, et al. Shadow thermodynamics of non-linear charged Anti-de Sitter black holes [J]. Chin. Phys. C, 2022, 46: 122002.

[40] CHABAB M, EL MOUMNI H, KHALLOUFI J. Phase transition of

charged-AdS black holes in the regularization scheme [J]. Nucl. Phys. B, 2021, 963: 11. arXiv:2001.01134

[41] EIROA E F, SENDRA C M. Gravitational lensing by massless braneworld black holes [J]. Eur. Phys. J. C, 2019, 78: 31.

[42] OKCU O, AYDINER E. Joule-Thomson expansion of the charged AdS black holes [J]. Eur. Phys. J. C, 2017, 77: 24.

[43] CHAKHCHI L, EL MOUMNI H, MASMAR K. Shadows and optical appearance of a power-Yang-Mills black hole surrounded by different accretion disk profiles [J]. Phys. Rev. D, 2022, 105: 064031.

[44] OKCU O, AYDINER E. Joule-Thomson expansion of Kerr-AdS black holes [J]. Eur. Phys. J. C, 2018, 78: 123.

[45] DU Y Z, LIU X Y, ZHANG Y, et al. Nonlinearity effect on Joule-Thomson expansion of Einstein-power-Yang-Mills AdS black hole [J]. Eur. Phys. J. C, 2023, 83: 426.

[46] STETSKO M M. Static dilatonic black hole with nonlinear Maxwell and Yang-Mills fields of power-law type [J]. Gen. Relativ. Gravit., 2021, 53: 2.

[47] KUBIZNAK D, MANN R B. P-V criticality of charged AdS black holes [J]. J. High Energy Phys., 2012, 1207: 033.

[48] JOHNSON C V. Holographic heat engines [J]. Class. Quant. Grav., 2014, 31: 205002.

[49] MCCARTHY F, KUBIZNAK D, MANN R B. Breakdown of the equal area law for holographic entanglement entropy [J]. J. High Energy Phys., 2017, 2017: 165.

[50] BANERJEE R, ROYCHOWDHURY D. Thermodynamics of phase transition in higher dimensional AdS black holes [J]. J. High Energy Phys., 2011, 11: 004.

[51] KARCH A, ROBINSON B. Holographic black hole chemistry [J]. J. High Energy Phys., 2015, 12: 073.

[52] CONG W, KUBIZNAK D, MANN R B. Thermodynamics of AdS Black Holes: Critical Behavior of the Central Charge [J]. Phys. Rev. Lett., 2021, 127: 091301.

[53] DU Y Z, LI H F, ZHANG Y, et al. Restricted phase space thermodynamics of Einstein-power-Yang-Mills AdS black hole [J]. Entropy, 2023, 25(4): 687.

[54] LU H, MEI J W, POPE C N. Solutions to Horava gravity [J]. Phys. Rev. Lett., 2009, 103: 091301.

[55] XU W. λ phase transition in Horava gravity [J]. Adv. High Energy Phys., 2018: 2175818.

[56] DU Y Z, ZHAO H H, ZHANG L C. Phase transition of the horava-lifshitz AdS black holes [J]. Int. J. Theor. Phys., 2021, 60(5): 1963-1971.

[57] WEI S W, LIU Y X. Insight into the microscopic structure of an ads black hole from a thermodynamical phase transition [J]. Phys. Rev. Lett., 2015, 115: 111302.

[58] CAI R G, CAO L M, LI L, et al. P-V criticality in the extended phase space of Gauss-Bonnet black holes in AdS space [J]. J. High Energy Phys., 2013, 2013(9): 005.

[59] STROMINGER A, VAFA C. Microscopic origin of the Bekenstein-Hawking entropy [J]. Phys. Rev. Lett., 1996, 99: 011301.

[60] WEI S W, LIU Y X. Critical phenomena and thermodynamic geometry of charged Gauss-Bonnet AdS black holes [J]. Phys. Rev. D, 2013, 87: 044014.

[61] BELHAJ A, CHABAB M, MASMAR K, et al. Maxwell's equal-area

law for Gauss-Bonnet-anti-de Sitter black holes [J]. Eur. Phys. J. C, 2015, 75: 71.

[62] DU Y Z, ZHAO H H, ZHANG L C. Microstructure and continuous phase transition of the einstein-gauss-bonnet AdS black hole [J]. Adv. High Energy Phys., 2020: 6395747.

[63] MIRZA B, MOHAMMADZADEH H. Ruppeiner geometry of anyon gas [J]. Phys. Rev. E, 2008, 78: 021127.

[64] MIRZA B, MOHAMMADZADEH H. Nonperturbative thermodynamic geometry of anyon gas [J]. Phys. Rev. E, 2009, 80: 011132.

第 6 章　 dS 时空中黑洞的热力学性质

6.1　dS 时空中 RN 黑洞的热力学性质

随着理论物理的发展，人们发现引力、热力学和量子力学之间存在基本的关联。起初，人们探究黑洞的力学性质[1]，发现如果将弯曲时空中的量子场论应用到黑洞系统中，会得到一些引人深思的结论。黑洞热力学是基于贝根斯坦和霍金发现的熵和其他热力学量而发展起来的[2-5]。接近平直时空中的黑洞具有负的热容，这将会导致该系统变成一个不稳定的系统。随后渐近平直时空中黑洞的这个问题通过考虑弯曲（dS 或者 AdS）时空的黑洞从而得到解决，原因是弯曲时空中的引力势可以充当具有非物理、完美反射墙的有限体积的盒子[6]，而黑洞是处在盒子中的。Hawking 和 Page 对 AdS-Schwarzschild 黑洞进行了研究，发现该系统存在从纯 AdS 热辐射到黑洞的相变过程。通过引入 AdS/CFT（Critical Fluctuation Theory）对应关系[7]或 AdS/QCD（量子色动力学）对应关系[8,9]，AdS 黑洞的相结构变得更加迷人。基于这一事实，以及最近对规范系统中 AdS 黑洞的热力学相结构与范德瓦尔斯液 – 气系统的热力学相结构惊人相似的观察，对带电 AdS 黑洞的物理学进行了更详细的探索[10,11]。将负宇宙学常数作为热力学压强[12-14]从而使得黑洞的相结构更加丰富了[15-21]。与此相对应，文章［16，22-32］的作者对扩展相空间中黑洞的相变和临界行为进行了深入的研究。

另一方面，德西特（de Sitter，dS）时空中的强引力理论与共形场论之间存在对应关系。嵌有黑洞的 dS 时空的热力学研究是有趣而重要的，其相关阐述参考文献［33］。这是由于早期暴胀时期的宇宙是一个 dS 时空，在遥远的未来它也将变成一个 dS 时空[34]。此外，与 AdS 时空中的 AdS/CFT 对应关系类似嵌有黑洞的 dS 时空也存在相似的对应关系，即 dS/CFT，并且该对应关系已经被应用到嵌有黑洞的 dS 时空中，从而探索了更多高维时空的可能存在的相变信息。在这些努力下，弯曲时空中的黑洞被广泛认为是个热力学系统。同时，对黑洞的观测也为黑洞的热力学研究打开了一扇新的窗口。而在 dS 时空中，由于存在多个温度不同的视界（通常忽略了黑洞内视界的作用），因此一般情况下该系统无法达到热力学平衡状态。为了克服这一问题，有人通过分析其中的一个视界，并将另一个视界作为边界，或用热不透明膜或盒子将两个视界分开[35,36]，从而分别单独研究两个视界的热力学。此外，还可以从全局的角度来构建全局有效温度和其他有效热力学量[37,38]。关于这个问题，一般有三个假设来构建整个 dS 时空中系统的总熵：① 系统的总熵为两个视界面熵之和[39,40]，体积为两视界面之间的空间区域：$V + V_c - V_b$。在这种情况下，黑洞和宇宙学视界是相互独立的；② 与前面工作[41,42]不同的是系统的体积为两视界面对应的空间之和以及两视界面之间的关联系统：$V = V_c + V_b + V_{in}$；③ 系统的总熵为两个视界面熵之和以及两视界的关联熵[43,44]，体积为两视界面之间的空间区域：$V = V_c - V_b$。对嵌有黑洞的 dS 时空其热力学性质已经做了相关研究[45-50]。此外，我们必须强调的是由于系统中引力的存在，需要考虑黑洞与宇宙视界之间的相互作用，因此我们采用第三种方案。另一方面，对于黑洞外视界（通常称为黑洞视界）和宇宙学视界之间的空间，两个视界上不同的霍金温度使得嵌有黑洞的 dS 时空不能像普通热力学系统一样直观地处于平衡状态。而在黑洞和宇宙视界面上，这两个独立的子系统中拥有共同的参数 M、Q。因此，两个视界上的热力学量不是独立的。在构造具有热力学平衡的 dS 时空的有效热力学量时，必须考虑两个视界之间的相互作用。在此基础上，将进一步探讨嵌有不同黑洞的 dS 时空的 Hawking-Page（HP）相变、热力学相变、焦耳–汤姆逊膨胀过程和相关热力学性质。

　　此外，尽管黑洞热力学取得了很大的成功，但其微观起源目前仍然是一个谜。从热力学涨落定律推导出的 Ruppeiner 几何[51]使我们得以一窥黑洞的微观结构。Ruppeiner 线元测量的是两个相邻的热力学系统对应的涨落态之间的距离，由此可以得到热力学黎曼曲率标量，即标曲率。标曲率的取值标志着流体系统相邻微观结构之间的相互作用：正（负）的热力学标曲率表征的是排斥（吸引）相互作用域，对于一个非相互作用系统（如理想气体）对应的是平直的 Ruppeiner 度规[52-55]，即标曲率为零。基于此，我们将研究 RN-dS 时空以及带非线性电荷源的 dS 时空的几何标曲率。

6.1.1　dS 时空中的 RN 黑洞解

　　这一部分将回顾 dS 时空中的 RN（Reissner-Nordström）黑洞解，并从电势的角度出发给出该系统有效热力学参量的具体导出过程，从而探究约化参数相空间中的临界现象、热容、等压膨胀系数、等温压缩系数等。四维 dS 时空中的 RN 黑洞解，即包含宇宙学常数的 Einstein 方程对应的一个静态球对称解可以通过以下的时空线元得到

$$ds^2 = -f(r)\,dt^2 + f^{-1}(r)\,dr^2 + r^2 d\Omega_2^2 \tag{6-1}$$

其中度规函数有如下形式

$$f(r) = 1 - \frac{2\overline{M}}{r} + \frac{Q^2}{r^2} - \frac{r^2}{l^2} \tag{6-2}$$

大写字母 $\overline{M}$ 和 Q 分别代表 RN 黑洞的质量参数和电荷参数，l 是 dS

时空的曲率半径。在这个度规函数下，该系统存在三个视界：RN-dS 黑洞的内视界、外视界（又称事件视界）和宇宙视界。接下来我们将 RN-dS 黑洞事件视界和宇宙视界之间的空间作为研究系统，从而探究该系统的热力学性质。黑洞事件视界和宇宙视界半径满足：$f(r_{+,\ c}) = 0$。由此可以得到质量参数的形式

$$\tilde{M} \equiv QM = \frac{r_{+,c}}{2}\left(1 + \frac{Q^2}{r_{+,c}^2} - \frac{r_{+,c}^2}{l^2}\right),\qquad （6-3）$$

其中 M 是黑洞的约化质量参数。为了计算方便，通过引入电势这一概念 $\phi = Q/r$，则方程（2）即度规函数可以重新写成如下形式

$$f(r) = 1 - 2M\varphi + \varphi^2 + \frac{Q^2}{l^2\varphi^2}\qquad （6-4）$$

在两视界面上，相应的电势分别为：$\phi_+ = Q/r_+$ 和 $\phi_c = Q/r_c$。因此约化的质量参数变为

$$M = \frac{1}{2\varphi}\left(1 + \varphi^2 - \frac{Q^2}{l^2\varphi^2}\right)\qquad （6-5）$$

这里呈现了约化质量参数随径向半径和电势的变化行为，其中参数设定为 $Q^2/l^2 = 1/50$，如图 6-1 所示，其中参数为 $Q^2/l^2 = 1/50$。对于 RN-dS 时空，如图 6-1 所示在约化质量参数的曲线中，存在局域极小值和局域极大值的黑洞质量。当 $M_{min} < M < M_{max}$，该系统存在三个视界：黑洞内视界，黑洞事件视界，宇宙视界。需要注意的是黑洞事件视界指的是黑洞的外视界。当约化质量参数的局域极小值与局域极大值重合时，这三个视界重合在一起。这种情况下的黑洞称为超冷黑洞，当参数取为 $Q^2/l^2 = 1/50$，超冷黑洞的视界半径和约化质量参数分别为 $r_{ucold} = \sqrt{2}Q$ 和 $M_{ucold} = 2\sqrt{2}Q/3$。一般地，RN-dS 黑洞的视界不可能与宇宙视界重合的，所以对于一个 RN-dS 时空来说，应该满足的条件为：$Q^2/l^2 < 1/12$ 和 $M_{min} > M_{ucold}$。

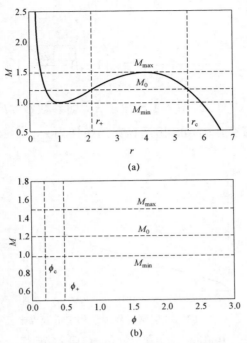

图 6-1　RN-dS 黑洞的质量参数随黑洞视界半径和视界表面上的电势的变化曲线

接下来，将从电势的角度来研究 RN-dS 时空的热力学性质。根据重定义参量 $x \equiv \varphi_c / \varphi_+$ 和方程（6-5），我们可得到

$$\frac{Q^2}{l^2} = \frac{x^2}{1+x+x^2} \varphi_+^2 - \frac{x^3}{1+x+x^2} \varphi_+^4 \tag{6-6}$$

当质量参数满足 $M = M_{min} > M_{ucold}$：则黑洞的内视界和外视界重合在一起，这种黑洞称为冷黑洞。当 $M = M_{max} > M_{ucold}$：黑洞视界和宇宙视界重合（即 $x=1$），这种黑洞称为 Nariai 黑洞，其最高的电势为

$$\varphi_{+max}^2 = \frac{1}{2} \left(1 + \sqrt{1 - \frac{12Q^2}{l^2}} \right) \tag{6-7}$$

一般来说，黑洞视界面上的电势是个有限值，所以两视界面上电势之间的比值应从某个最小值开始到 1，而非从 0 到 1。对于 Nariai 黑洞，通过将方程（6-7）带入到方程（6-6），则 x 的最小值 x_{min} 应满足下面的

约束方程

$$\frac{x_{\min}^2}{1 + 2x_{\min} + 3x_{\min}^2} = \frac{1}{6}\left(1 - \sqrt{1 - \frac{12Q^2}{l^2}}\right)$$ （6-8）

其中 $Q^2/l^2 < 1/12$。图 6-2 给出了 $x_{\min}$ 随参数 Q^2/l^2 的变化行为。因此对于 RN-dS 时空，RN-dS 黑洞存在的条件为 $x_{\min} \leqslant x \leqslant 1$.

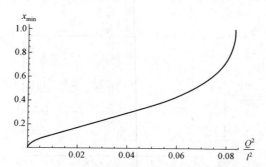

图 6-2　RN-dS 黑洞视界半径和宇宙视界半径
比值的最小值随参数 Q^2/l^2 的变化曲线

6.1.2　RN-dS 时空的有效热力学量

对于一个嵌有 RN 黑洞的 dS 时空，可以通过分别研究黑洞视界面和宇宙视界面上的热力学性质来局部地描述该系统，其中黑洞视界面和宇宙视界面上热力学定律仍然成立。分别考虑两视界面上的热一律，则两视界面上的热力学量为

$$\tilde{T}_c \equiv \frac{T_c}{Q} = -\frac{x\varphi_+}{4\pi Q}\left(1 - x^2\varphi_+^2 - \frac{3Q^2}{x^2 l^2 \varphi_+^2}\right), \ \tilde{S}_c \equiv Q^2 S_c = \frac{Q^2 \pi}{x^2 \varphi_+^2}, \ \tilde{V}_c \equiv Q^3 V_c = \frac{4\pi Q^3}{3x^3 \varphi_+^3}$$

（6-9）

$$\tilde{T}_+ \equiv \frac{T_+}{Q} = \frac{\varphi_+}{4\pi Q}\left(1 - \varphi_+^2 - \frac{3Q^2}{l^2 \varphi_+^2}\right), \ \tilde{S}_+ \equiv Q^2 S_+ = \frac{Q^2 \pi}{\varphi_+^2}, \ \tilde{V}_+ \equiv Q^3 V_+ = \frac{4\pi Q^3}{3\varphi_+^3}$$

（6-10）

当两个视界面上的霍金辐射温度彼此相等时，即在 lukewarm 例子中两个视界面上的电势变为

$$\varphi_+^2 = \frac{1}{(1+x)^2} , \quad \varphi_c^2 = \frac{x^2}{(1+x)^2}$$（6-11）

并且相同的辐射温度可表示为

$$\tilde{T} = \tilde{T}_c = \tilde{T}_+ \equiv \frac{x(1-x)}{2\pi Q(1+x)^3} , \quad \text{or} \quad T = T_c = T_+ \equiv \frac{x(1-x)}{2\pi Q(1+x)^3}$$

（6-12）

由于 RN 黑洞视界面和宇宙视界面上的霍金辐射温度不相等，所以不能直接地将两视界之间的 RN-dS 时空看作处在热平衡状态下的普通热力学系统而研究其相变。然而当考虑两视界之间空间的引力效应，即引入两视界之间的相互作用，在两视界之间的 RN-dS 时空可以看作受引力效应作用下的热力学系统，此时该系统中热力学定律仍然成立。从整个 RN-dS 时空来看，两个视界不再是彼此独立的，这是因为它们处在引力场中。对于 RN-dS 时空，我们主要探究黑洞视界和宇宙视界之间的空间，即我们所研究的系统其热力学体积为

$$\tilde{V} \equiv Q^3 V = \tilde{V}_c - \tilde{V}_+ = \frac{4\pi Q^3 (1-x^3)}{3x^3 \varphi_+^3}$$（6-13）

所研究的系统其边界是黑洞视界和宇宙视界，两个视界面上具有不同的霍金辐射温度。由于系统处在引力场中，视界面上的温度在弯曲时空中被卷曲了。因此，当考虑两视界之间的相互作用时，我们可以将 RN-dS 时空看作是处在热平衡状态下的普通热力学系统，该系统具有热力学等效量：$\tilde{T}_{\text{eff}}$, $\tilde{P}_{\text{eff}}$, $\tilde{V}$, $\tilde{S}$, 或者约化参数空间中的 T_{eff}, P_{eff}, V, S。接下来，我们将研究 RN-dS 时空的参数化热力学量：T_{eff}, P_{eff}, V, S, 这些参量都是 φ_+ 和 x 的函数。这里我们需要强调一点：系统的熵不仅仅是两个视界面的熵之和，它应包含由于引力效应所导致的两个视界面的相互作用熵。我们假设该系统的总熵有如下形式

$$\tilde{S} \equiv Q^2 S = \frac{Q^2 \pi (1 + x^2 + f_0(x))}{x^2 \varphi_+^2} \qquad (6\text{-}14)$$

其中 $f_0(x)$ 代表的是由于引力效应所导致的两个视界面的相互作用熵。接下来我们主要给出相互作用熵的导出过程。当引入两视界之间的相互作用，并将 RN-dS 时空看作是处在热力学平衡状态下的普通热力学系统，则热一律仍然成立

$$d\tilde{M} = \tilde{T}_{\text{eff}} d\tilde{S} - \tilde{P}_{\text{eff}} d\tilde{V} + \Phi_{\text{eff}} dQ \qquad (6\text{-}15)$$

因此有效热力学温度和压强可以通过下列方程得到

$$\tilde{T}_{\text{eff}} = \left.\frac{\partial \tilde{M}}{\partial \tilde{S}}\right|_{\tilde{V}, Q} = \left.\frac{\dfrac{\partial \tilde{M}}{\partial \varphi_+}\dfrac{\partial \tilde{V}}{\partial x} - \dfrac{\partial \tilde{M}}{\partial x}\dfrac{\partial \tilde{V}}{\partial \varphi_+}}{\dfrac{\partial \tilde{S}}{\partial \varphi_+}\dfrac{\partial \tilde{V}}{\partial x} - \dfrac{\partial \tilde{S}}{\partial x}\dfrac{\partial \tilde{V}}{\partial \varphi_+}}\right|_{Q} \qquad (6\text{-}16)$$

$$\tilde{P}_{\text{eff}} = -\left.\frac{\partial \tilde{M}}{\partial \tilde{V}}\right|_{\tilde{S}, Q} = \left.\frac{\dfrac{\partial \tilde{M}}{\partial \varphi_+}\dfrac{\partial \tilde{S}}{\partial x} - \dfrac{\partial \tilde{M}}{\partial x}\dfrac{\partial \tilde{S}}{\partial \varphi_+}}{\dfrac{\partial \tilde{S}}{\partial x}\dfrac{\partial \tilde{V}}{\partial \varphi_+} - \dfrac{\partial \tilde{S}}{\partial \varphi_+}\dfrac{\partial \tilde{V}}{\partial x}}\right|_{Q} \qquad (6\text{-}17)$$

当 Q^2 / l^2 满足方程（6-6）时，两视界面的温度彼此相等。这种情形下，有效温度应该等于辐射温度，即

$$\tilde{T}_{\text{eff}} = \frac{x(1 + x^4)\tilde{T}_+}{(1 - x^3)[x(1 + x) + x^2 f_0(x) + (1 - x^3)f_0'(x)/2]} = \tilde{T}_+ \qquad (6\text{-}18)$$

当 $x = 0$，两视界之间的相互作用消失，即 $f_0(x) = 0$，考虑该边界条件并求解上述方程，可以得到相互作用熵函数表达形式

$$f_0(x) = \frac{8}{5}(1 - x^3)^{2/3} - \frac{2(4 - 5x^3 - x^5)}{5(1 - x^3)} \qquad (6\text{-}19)$$

将方程（19）代入方程（16）和（17）中，有效温度和有效压强满足如下方程[56]

$$0 = Q\tilde{T}_{\text{eff}} f_1(x) - f_2(x)\varphi_+ + f_3(x)\varphi_+^3 \quad \text{或} \quad 0 = QT_{\text{eff}} f_1(x) - f_2(x)\varphi_+ + f_3(x)\varphi_+^3$$

$$\text{（6-20）}$$

$$0 = Q^2 \tilde{P}_{\text{eff}} f_4(x) + f_5(x)\varphi_+^2 + f_6(x)\varphi_+^4 \quad \text{或} \quad 0 = Q^2 P_{\text{eff}} f_4(x) + f_5(x)\varphi_+^2 + f_6(x)\varphi_+^4$$

$$\text{（6-21）}$$

其中相关的函数形式为

$$f_1(x) = \frac{4\pi(1+x^4)}{1-x}, \ f_3(x) = (1+x+x^2)(1+x^4) - 2x^3$$

$$f_2(x) = (1-3x^2)(1+x+x^2) + 4x^3(1+x), \ f_4(x) = \frac{8\pi(1+x^4)}{x(1-x)}$$

$$f_5(x) = kx(1+x)(x+f_0'(x)/2) - \frac{k(1+2x)(1+x+f_0(x))}{1+x+x^2}$$

$$f_6(x) = -x(1+x)(1+x^2)(x+f_0'(x)/2) + \frac{(1+2x+3x^2)(1+x+f_0(x))}{1+x+x^2}$$

为了更好地理解两视界面的温度与有效温度之间的区别，给出了不同参数 Q^2/l^2 下，三者随两视界面电势之比 x 的变化趋势，如图 6-3 所示，其中参数为 $Q^2/l^2 = 1/100$，上面的实线代表有效温度、上面的断线代表黑洞视界面温度、下面的细线代表宇宙视界面温度。

由方程（6-3）（6-13）（6-14）（6-20）和（6-21），可得 smarr 公式为

$$\tilde{M} = 2\tilde{T}_{\text{eff}}\tilde{S} - 3\tilde{P}_{\text{eff}}\tilde{V} + \Phi_{\text{eff}}Q, \qquad \text{（6-22）}$$

同理，在约化参数空间中，参数化的 smarr 公式为

$$M = 2T_{\text{eff}}S - 3P_{\text{eff}}V + \Phi_{\text{eff}}Q \qquad \text{（6-23）}$$

临界点代表的是该系统的二阶相变，可由如下方程给出

$$\left.\frac{\partial \tilde{P}_{\text{eff}}}{\partial \tilde{V}}\right|_{\tilde{T}_{\text{eff}}, \ Q} = \left.\frac{\partial^2 \tilde{P}_{\text{eff}}}{\partial \tilde{V}^2}\right|_{\tilde{T}_{\text{eff}}, \ Q} = 0, \ \text{or} \ \left.\frac{\partial P_{\text{eff}}}{\partial V}\right|_{T_{\text{eff}}, \ Q} = \left.\frac{\partial^2 P_{\text{eff}}}{\partial V^2}\right|_{T_{\text{eff}}, \ Q} = 0$$

$$\text{（6-24）}$$

由方程（6-13）（6-19）（6-20）和（6-21）可计算得到参数化的临界热力学量

$$x^c = 0.656\,46, \quad \varphi^c = 0.378\,244, \quad T_{\text{eff}}^c = 0.008\,633\,95,$$
$$P_{\text{eff}}^c = 0.000\,583\,686, \quad V_c = 196.214, \quad S_c = 68.208\,9. \tag{6-25}$$

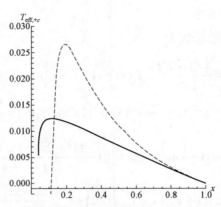

图 6-3 RN-dS 黑洞视界面温度、宇宙视界面温度以及
系统的有效温度随两视界半径比值的变化曲线

当系统分别经历等压、等温、等容过程时，通过解方程（6-13）（6-20）和（6-21），则相应过程中系统对应的黑洞视界面电势物理解分别为

$$\varphi_+ = \varphi_p = \sqrt{\dfrac{2P_{\text{eff}}f_4(x)}{-f_5(x) + \sqrt{f_5^2(x) - 4P_{\text{eff}}f_4(x)f_6(x)}}} \tag{6-26}$$

$$\varphi_+ = \varphi_t = \sqrt{\dfrac{4f_2(x)}{3f_3(x)}}\cos\left(\theta + \dfrac{4\pi}{3}\right), \quad \theta = \dfrac{1}{3}\arccos\left(\dfrac{-T_{\text{eff}}f_1(x)\sqrt{27f_2(x)f_3(x)}}{2f_2^2(x)}\right)$$
$$\tag{6-27}$$

$$\varphi_+ = \varphi_v = \left(\dfrac{4\pi[1 - x^3]}{3x^3 V}\right)^{1/3} \tag{6-28}$$

对于 dS 时空中的一个真实 RN 黑洞，由于黑洞视界不可能与宇宙视界重合，所以 x 值不可能取到 1。为了解决这个问题，我们分别研究等参数 Q^2/l^2 和等压下的热容，即对于一个真实稳定的 RN-dS 时空其热容应为正的实数。当 Q^2/l^2 和有效压强分别为常数时，系统的热容为

$$\tilde{C}_{Q^2/l^2} = \tilde{T}_{\text{eff}}\left(\frac{\partial \tilde{S}}{\partial \tilde{T}_{\text{eff}}}\right)\Bigg|_{Q^2/l^2} = Q^2 C_{Q^2/l^2}, \quad \tilde{C}_{\tilde{P}_{\text{eff}}} = \tilde{T}_{\text{eff}}\left(\frac{\partial \tilde{S}}{\partial \tilde{T}_{\text{eff}}}\right)\Bigg|_{\tilde{P}_{\text{eff}}} = Q^2 C_{P_{\text{eff}}}.$$

这里参数化的热容为

$$C_{Q^2/l^2} = T_{\text{eff}}\left(\frac{\partial S}{\partial T_{\text{eff}}}\right)\Bigg|_{Q^2/l^2} \tag{6-29}$$

$$C_{P_{\text{eff}}} = T_{\text{eff}}\left(\frac{\partial S}{\partial T_{\text{eff}}}\right)\Bigg|_{P_{\text{eff}}} \tag{6-30}$$

结合方程（6-6）（6-14）（6-19）（6-20）和（6-26），可给出热容的变化行为，如图 6-4 所示，图 6-4（a）中参数为 $Q^2/l^2 = 1/100$（实线）、$Q^2/l^2 = 1/30$（细线）、$Q^2/l^2 = 1/20$（断线）。正如我们前面提到过的，从 6-4（a）图中也可以看出对于一个稳定的 RN-dS 时空，两视界面电势的比值 x 应该存在极大值和极小值的，并且极大值和极小值是与参数 Q^2/l^2 的取值有关。这里需要强调的是对于给定的参数 Q^2/l^2，由方程（6-29）计算得到的 x 最小值要比由方程（6-8）得到的大。因此，我们应该从等 Q^2/l^2 过程判断得到的稳定 RN-dS 时空条件（即由该过程得到的 x 范围）从而研究该系统的热力学性质。从图 6-4（b）可以看出，热容 C_{Q^2/l^2} 在临界点处是发散的，并且当有效压强低于临界值时该热容将在两个不同的位置处发散。在下一小节我们会发现这两个位置正好是该系统发生一阶相变时对应的两个共存相的视界面电势比值。

同理，参数化的等容热容具有如下形式

$$C_V = T_{\text{eff}}\left(\frac{\partial S}{\partial T_{\text{eff}}}\right)\Bigg|_V \tag{6-31}$$

由方程（6-13）（6-14）（6-19）和（6-20），可以给出等容热容的变化行为，如图 6-5 所示，其中参数为 V_c（实线）、$0.9V_c$（细线）、$0.5V_c$（断线）。此外，也可以通过其他的系数来探测热力学系统的临界行为，比如等压膨胀系数和等温压缩系数

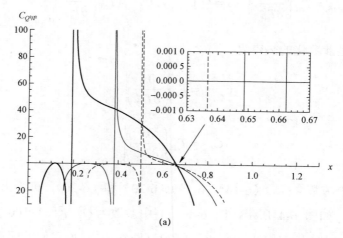

(a)

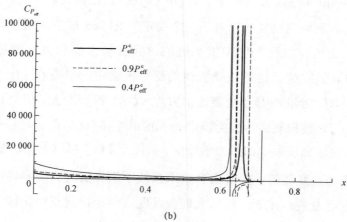

(b)

图 6-4 （a）不同 Q^2/l^2 值下，等 Q^2/l^2 热容随两视界半径比值的变化曲线；
（b）不同压强下，等压热容随两视界半径比值的变化曲线

$$\tilde{\alpha} = \frac{1}{\tilde{V}}\left(\frac{\partial \tilde{V}}{\partial \tilde{T}_{\text{eff}}}\right)_{\tilde{P}_{\text{eff}}}, \quad \tilde{\kappa} = -\frac{1}{\tilde{V}}\left(\frac{\partial \tilde{V}}{\partial \tilde{P}_{\text{eff}}}\right)_{\tilde{T}_{\text{eff}}}$$

参数化的等压膨胀系数和等温压缩系数具有如下形式

$$\tilde{\alpha} \equiv Q\alpha, \quad \alpha = \frac{1}{V}\left(\frac{\partial V}{\partial T_{\text{eff}}}\right)_{P_{\text{eff}}} \tag{6-32}$$

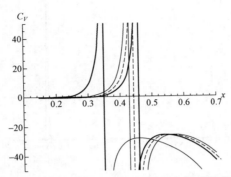

图 6-5　不同 V 值下，等容热容随两视界半径比值的变化曲线

$$\tilde{\kappa} \equiv \frac{\kappa}{Q^2}, \; \kappa = -\frac{1}{V}\left(\frac{\partial V}{\partial P_{\text{eff}}}\right)\Bigg|_{T_{\text{eff}}} \quad （6\text{-}33）$$

这两个系数在临界点附近相应的曲线变化行为如图 6-6 所示。

6.1.3　RN-dS 时空的一阶相变

这一部分，将研究该系统在正则系综里的一阶相变。从有效热力学量出发，发现系统的热力学态方程可以写成如下形式

$$F(\tilde{T}_{\text{eff}}, \; \tilde{P}_{\text{eff}}, \; \tilde{V}, \; \tilde{S}, \; Q) = 0 \quad 或 \quad F(T_{\text{eff}}, \; P_{\text{eff}}, \; V, \; S) = 0. \quad （6\text{-}34）$$

该系统的吉布斯自由能为

$$\tilde{G} \equiv Q\tilde{G} = \tilde{M} - \tilde{T}_{\text{eff}}\tilde{S} + \tilde{P}_{\text{eff}}\tilde{V} = Q(M - T_{\text{eff}}S + P_{\text{eff}}V) \quad （6\text{-}35）$$

其中参数化的质量参数为

$$M = \frac{1}{2\varphi_+}\left(\frac{1-x^2}{1-x^3} + \frac{1-x^4}{1-x^3}\varphi_+^2\right) \quad （6\text{-}36）$$

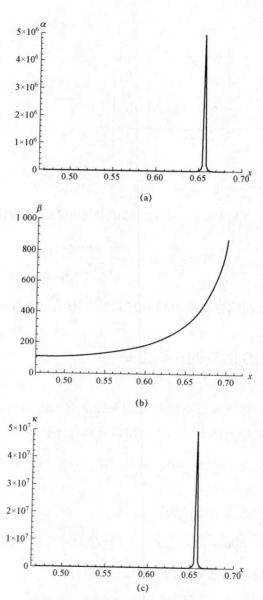

图 6-6　临界点附近等压膨胀系数
（a）等容压强系数；（b）等温压缩系数；（c）随两视界半径比值的变化曲线

结合方程（6-13）（6-14）（6-19）（6-20）（6-21）（6-26）和（6-27），临界点附件吉布斯自由能在二维及三维空间中的变化曲线如图 6-7 所示。此外，热力学系统的一阶相变点也可以通过构造不同相图的麦克斯韦等面积率而得到。这里呈现了 $P_{\text{eff}} - V$ 和 $T_{\text{eff}} - S$ 相图中的一阶相变，如图 6-8 所示。一阶相变点代表的是 RN-dS 时空中两个不同相的共存态。不同参数情形下这些一阶相变点就形成了一条相变曲线，即共存曲线。对于共存曲线，尽管没有解析表达式，但是仍然可以通过数值计算来获得，如图 6-9 所示。同时，也给出了不同参数下两个共存相对应的热力学参量，如表 6-1 所示。

表 6-1　当 $T_{\text{eff}}^{0} \leqslant T_{\text{eff}}^{c}$ 时，系统的两个共存相对应的热力学参量

T_{eff}^{0}	P_{eff}^{0}	x_1	x_2	φ_{+1}	φ_{+2}	R_1	R_2
$0.99T_{\text{eff}}^{c}$	0.000 566 3	0.639 9	0.670 7	0.334 3	0.423 5	0.759	0.808 7
$0.992T_{\text{eff}}^{c}$	0.000 569 7	0.641 6	0.669 3	0.338 6	0.418 6	0.847 6	0.903
$0.994T_{\text{eff}}^{c}$	0.000 573 2	0.643 9	0.667 7	0.344 2	0.413 3	0.994 1	1.015 2
$0.995T_{\text{eff}}^{c}$	0.000 574 9	0.644 8	0.666 8	0.346 6	0.410 2	1.053 5	1.094 7
$0.996T_{\text{eff}}^{c}$	0.000 576 7	0.646 2	0.665 7	0.350 2	0.406 4	1.162 1	1.209 1
$0.997T_{\text{eff}}^{c}$	0.000 578 4	0.646 7	0.664 6	0.353 8	0.402 9	1.290 8	1.319 1
$0.998T_{\text{eff}}^{c}$	0.000 580 2	0.649 3	0.663 1	0.358 4	0.398 2	1.464 7	1.494 3
$0.999T_{\text{eff}}^{c}$	0.000 581 9	0.651 4	0.661 2	0.363 9	0.392 2	1.800 2	1.826 4
$0.999\,3T_{\text{eff}}^{c}$	0.000 582 5	0.652 2	0.660 4	0.366 2	0.389 9	1.926 7	1.946 5
$0.999\,5T_{\text{eff}}^{c}$	0.000 582 8	0.652 9	0.659 8	0.368 1	0.388 1	2.105 2	2.083 4
T_{eff}^{c}	P_{eff}^{c}	x^c	x^c	$\varphi_{+}^{c} = 0.378\,2$	φ_{+}^{c}	$R^c = 3.125\,9$	R^c

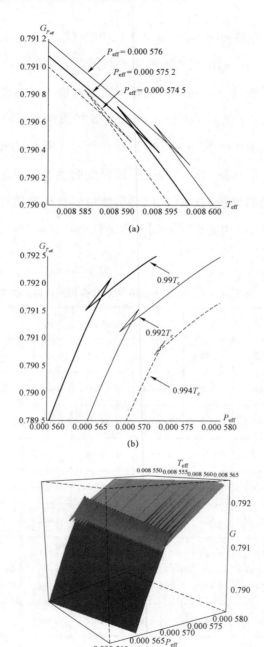

图 6-7　临界点附近吉布斯自由能在二维及三维空间中的变化曲线

（a）系统经历一阶相变时，不同压强下，吉布斯自由能随温度的变化曲线；（b）不同温度下，吉布斯自由能随压强的变化曲线；（c）吉布斯自由能随温度、压强的三维图像

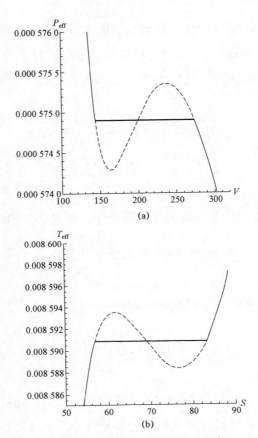

图 6-8　$P_{\text{eff}} - V$ 相图中的等面积率

（a）其中 $T_{\text{eff}} = 0.995T_{\text{c}}$；$T_{\text{eff}} - V$ 相图中的等面积率；（b）其中 $P_{\text{eff}} = 0.985P_{\text{eff}}^{c}$

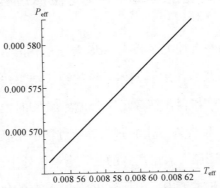

图 6-9　当系统经历一阶相变时，系统的共存曲线图像

接下来，为了更加深刻地理解相变的本质，探究该系统的 Ehrenfest's 主题内容，即 Ehrenfest's 第一方程和第二方程。对于一个标准的热力学系统，Ehrenfest's 方程可以写为[56-58]

$$\left(\frac{\partial P_{\mathrm{eff}}}{\partial T_{\mathrm{eff}}}\right)\bigg|_{S} = \frac{C_{P_{\mathrm{eff}\,2}} - C_{P_{\mathrm{eff}\,1}}}{T_{\mathrm{eff}}V\left(\alpha_2 - \alpha_1\right)} = \frac{\Delta C_{P_{\mathrm{eff}}}}{T_{\mathrm{eff}}V\Delta\alpha} \qquad (6\text{-}37)$$

$$\left(\frac{\partial P_{\mathrm{eff}}}{\partial T_{\mathrm{eff}}}\right)\bigg|_{V} = \frac{\alpha_2 - \alpha_1}{\kappa_{T_{\mathrm{eff}\,2}} - \kappa_{T_{\mathrm{eff}\,1}}} = \frac{\Delta\alpha}{\Delta\kappa_{T_{\mathrm{eff}}}} \qquad (6\text{-}38)$$

对于一个真实热力学系统的二阶相变，要求必须同时满足这两个方程。另一方面，根据麦克斯韦关系：$\left(\frac{\partial P_{\mathrm{eff}}}{\partial T_{\mathrm{eff}}}\right)\bigg|_{S} = \left(\frac{\partial S}{\partial V}\right)\bigg|_{P_{\mathrm{eff}}}$，$\left(\frac{\partial P_{\mathrm{eff}}}{\partial T_{\mathrm{eff}}}\right)\bigg|_{S}$ $= \left(\frac{\partial S}{\partial V}\right)\bigg|_{P_{\mathrm{eff}}}$，RN-dS 时空的 Prigogine-Defay（PD）比值[59]满足如下关系式

$$\Pi = \left(\frac{\partial S}{\partial V}\right)\bigg|_{P_{\mathrm{eff}}} \bigg/ \left(\frac{\partial S}{\partial V}\right)\bigg|_{T_{\mathrm{eff}}} = 1 \qquad (6\text{-}39)$$

因此在 T_{eff}^{c} 处的相变是平衡态的二阶相变，这与 AdS 黑洞系统类似。尽管相变曲线在临界点附近是模糊的和发散的，但这是正确的。

6.1.4 RN-dS 时空的焦耳–汤姆逊膨胀过程

文章［59］的作者探究了带电 AdS 黑洞的焦耳–汤姆逊（JT）膨胀过程，其目的是与范德瓦尔斯流体系统的相应结果作对比。并且考虑关于旋转 AdS 黑洞[60]和存在精致场时带电黑洞[61]的推广解也已经被研究了。JT 膨胀[62]是一种较为方便的研究等焓过程的工具，在此过程中热力学系统将呈现为热膨胀。值得注意的是，当系统处于 JT 膨胀过程，系统的压强总是减小。在本节中，将研究 RN-dS 时空的焦耳–汤姆逊膨胀。在 Van der Waals 系统和 AdS 黑洞的焦耳–汤姆逊膨胀过程中,气体/黑洞

相在高压下通过绝热管低压段的多孔塞或小值，在膨胀过程中焓保持不变。膨胀的特征是温度相对于压强的变化。此外，焓可以用来定义非平衡态。因此我们也可以引入它来描述 RN-dS 时空。描述膨胀过程的焦耳 – 汤姆逊系数可以写为

$$\tilde{\mu} = \left(\frac{\partial \tilde{T}_{\mathrm{eff}}}{\partial \tilde{P}_{\mathrm{eff}}} \right)_{\tilde{H}} \tag{6-40}$$

其中焓可以表示为

$$\tilde{H} = \tilde{M} + \tilde{P}_{\mathrm{eff}} \tilde{V} \tag{6-41}$$

同样地，为了方便引入参数化的熵和 JT 系数

$$\tilde{H} \equiv QH, \ H = M + P_{\mathrm{eff}} V \tag{6-42}$$

$$\tilde{\mu} \equiv Q\mu, \ \mu = \left(\frac{\partial T_{\mathrm{eff}}}{\partial P_{\mathrm{eff}}} \right)_{H} = \frac{V}{C_{P_{\mathrm{eff}}}} (T_{\mathrm{eff}} \alpha - 1) \tag{6-43}$$

当系统经历一个等焓过程时，黑洞视界面的电势与两视界面电势比值的关系如下所示

$$\varphi_{+} = \varphi_{h} = \frac{H}{F_{1}} \left(1 \pm \sqrt{1 - \frac{F_{1} F_{2}}{H^{2}}} \right) \tag{6-44}$$

其中

$$F_{1} = \frac{1 - x^{4}}{1 - x^{3}} - \frac{8\pi (1 - x^{3}) f_{6}(x)}{3x^{3} f_{4}(x)}, \ F_{2} = \frac{1 - x^{2}}{1 - x^{3}} - \frac{8\pi (1 - x^{3}) f_{5}(x)}{3x^{3} f_{4}(x)} \tag{6-45}$$

当 JT 系数为零时，则有

$$\varphi_{+0} = \sqrt{\frac{-N_{2} (1 \mp \sqrt{1 - 4N_{1} N_{3} / N_{2}^{2}})}{2N_{1}}} \tag{6-46}$$

其中

$$N_1 = \frac{4f_6(x)}{f_4(x)}\left[\frac{f_3(x)}{f_1(x)}\right]' - \frac{6f_3(x)}{f_1(x)}\left[\frac{f_6(x)}{f_4(x)}\right]' - \frac{4f_3(x)f_6(x)}{x(1-x^3)f_1(x)f_4(x)}$$

$$N_2 = \frac{4f_2(x)}{f_1(x)}\left[\frac{f_6(x)}{f_4(x)}\right]' - \frac{6f_3(x)}{f_1(x)}\left[\frac{f_5(x)}{f_4(x)}\right]' +$$
$$\frac{2}{x(1-x^3)}\left(\frac{2f_3(x)f_6(x)}{f_1(x)f_4(x)} - \frac{f_3(x)f_5(x)}{f_1(x)f_4(x)}\right)$$
$$- \frac{4f_6(x)}{f_4(x)}\left[\frac{f_2(x)}{f_1(x)}\right]' - \frac{2f_5(x)}{f_4(x)}\left[\frac{f_3(x)}{f_1(x)}\right]'$$

$$N_3 = \frac{4f_2(x)}{f_1(x)}\left[\frac{f_5(x)}{f_4(x)}\right]' - \frac{2f_5(x)}{f_4(x)}\left[\frac{f_2(x)}{f_1(x)}\right]' - \frac{2f_2(x)f_5(x)}{x(1-x^3)f_1(x)f_4(x)}$$

为了更加深刻地了解 JT 膨胀过程，分别将方程（6-44）（6-46）代入方程（6-20）（6-21），从而给出了系统的等焓曲线和相应的反转曲线，如图 6-10 所示。结果表明反转曲线将等焓曲线分成两个部分：一个是在 $P-T$ 曲线中具有正的斜率的制冷区；另外一个是具有负斜率的加热区。

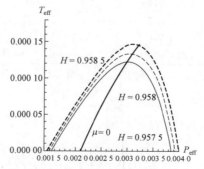

图 6-10　不同焓值下的等焓曲线和反转曲线

6.1.5　朗道的连续相变理论

对于一个普通的热力学系统，吉布斯自由能的二阶导数、热容、等压膨胀系数和等温压缩系数这些参量在临界点附近都会出现尖峰。此外，指数次幂函数一般被用来描述热力学系统的临界行为，指数次幂函数中的次幂被称为临界指数。基于对各种铁磁系统的实验研究，当采用自发磁化强度作为序参量，系统在临界点（$\bar{t} \equiv T - T^c$）附近存在一些相同的规律：

- 自发磁化强度满足关系 $M' \propto (-\bar{t})^{\beta'}$，$\bar{t} \to 0^-$，并且高于临界温度时，等于零；

- 磁化率遵从的规律为

$$\chi \propto (\bar{t})^{-\gamma}, \ \bar{t} \to 0^+;\ \chi \propto (\bar{t})^{-\gamma'}, \ \bar{t} \to 0^-$$

- 磁化强度和外加磁场之间满足的关系式

$$M' \propto \bar{H}^{1/\delta}, \ \bar{t} \to 0$$

- 对于铁磁性物质，若无外加磁场时，其热容遵从的规律为

$$C \propto (\bar{t})^{-\alpha'}, \ \bar{t} > 0;\ C \propto (\bar{t})^{-\varepsilon''}, \ \bar{t} < 0$$

- 铁磁性系统的临界指数为

$$\beta' = 1/2, \ \gamma = \gamma' = 1, \ \delta = 3, \ \alpha' = \alpha'' = 0$$

随后人们发现在各种流体系统中也存在和铁磁系统一样的临界行为。并且许多物理性质完全不同于流体系统以及铁磁系统的热力学系统具有几乎一致的临界性质。这表明了热力学系统的临界现象具有普适性。通过研究 AdS 黑洞系统，发现理论上得到的临界指数与铁磁系统的临界指数完全一致。因此，对于嵌有 RN 黑洞的 dS 时空，其临界行为也应探究。然而与 AdS 黑洞系统以及铁磁性系统不同的是，RN-dS 时空的相变取决于两视界面电势的比值，正如上一小节给出

的。此外，RN-dS 时空的临界现象有助于我们更加深刻地认识该系统的热力学性质。

朗道的连续相变理论指出，系统的相变是伴随着系统的自由度和对称性的突变。通过将 RN-dS 时空看作一热力学系统，并且该系统可以看作是由大量的内部分子构成的，那么系统发生相变时是否也伴随着内部对称性和有序程度的突变。由上一部分可知当 RN-dS 时空发生相变时，处于高电势黑洞的相其内部分子在强电势的作用下具有一定的极化方向，处于相对有序的高对称状态；而对于低电势黑洞的相系统处于相对杂乱的对称性低的状态。当系统温度高于临界温度时，内部分子的热运动加剧，使得系统整体的有序性趋于零。

为了解释 RN-dS 时空相变的本质，需要引入一个与电势有关的新的序参量。当有效温度低于临界值时，两个共存相对应的两视界面电势值不相等：$\phi_{+1,+2}$ 和 $\phi_{c1,c2}$。定义新的参量 $y = \phi_{+1} / \phi_{+2}$，则两个共存相对应的黑洞视界面电势差值为 $\Delta\phi_+ = \phi_{+1}(1-y)$。当 $T_{\text{eff}} \to T_{\text{eff}}^c$，$y \to 1, \eta \to 0$。由于当 $T_{\text{eff}} \geq T_{\text{eff}}^c$，$\Delta\phi_+ = 0$ 且 $T_{\text{eff}} \leqslant T_{\text{eff}}^c$，$\Delta\phi_+ \neq 0$ 所以 $\Delta\phi_+$ 可以选为序参量。由于序参量在临界点附近是个小量，且系统具有一定的对称性 $\eta \leftrightarrow -\eta$，所以可以将吉布斯自由能按照序参量的次幂展开到四阶，如下所示：

$$G(T_{\text{eff}}, \ P_{\text{eff}}, \ \eta) = G_0(T_{\text{eff}}, \ P_{\text{eff}}) + A(T_{\text{eff}}, \ P_{\text{eff}})\eta^2 + B(T_{\text{eff}}, \ P_{\text{eff}})\eta^4$$
（6-47）

相应的广义力为

$$\xi = 2A\eta + 4B\eta^3 \tag{6-48}$$

因此临界指数 $\delta = 3$。当系统处于完全无序的状态 $\xi = 0$，通过求解上述方程可得

$$\eta = 0, \quad \eta = \pm\sqrt{-\frac{A}{2B}} \tag{6-49}$$

通过分析序参量的解，发现当 $B > 0$ 时，系统处于一个稳定的无序状态，$\eta = 0$，$A > 0$；反之系统处于稳定的有序状态，$\eta = \pm\sqrt{-\dfrac{A}{2B}}$，$A < 0$。临界指数 β' 等于 1/2。由于 $A(T_{\text{eff}}^c,\ P_{\text{eff}}^c) = 0$，可以假设

$$A(T_{\text{eff}},\ P_{\text{eff}},\ \eta) \approx A_1(T_{\text{eff}}^c,\ P_{\text{eff}}^c)(T_{\text{eff}} - T_{\text{eff}}^c) + A_2(T_{\text{eff}}^c,\ P_{\text{eff}}^c)(P_{\text{eff}} - P_{\text{eff}}^c)$$

（6-50）

其中 $A_1(T_{\text{eff}}^c,\ P_{\text{eff}}^c)$，$A_2(T_{\text{eff}}^c,\ P_{\text{eff}}^c)$ 都是正的系数。当 $T_{\text{eff}} > T_{\text{eff}}^c$，$P_{\text{eff}} = P_{\text{eff}}^c$ 时，RN-dS 时空处于相对稳定的无序状态，而当 $T_{\text{eff}} < T_{\text{eff}}^c$，$P_{\text{eff}} = P_{\text{eff}}^c$ 时，系统则处在一个稳定的有序状态。在临界点附近，吉布斯自由能、熵和体积是连续的，并且具有如下近似形式

$$G = G_0(T_{\text{eff}},\ P_{\text{eff}}) + [A_1(T_{\text{eff}}^c,\ P_{\text{eff}}^c)(T_{\text{eff}} - T_{\text{eff}}^c) + A_2(T_{\text{eff}}^c,\ P_{\text{eff}}^c)(P_{\text{eff}} - P_{\text{eff}}^c)]\eta^2$$

$$S = -\frac{\partial G}{\partial T_{\text{eff}}} = S_0 + \frac{A_1(T_{\text{eff}}^c,\ P_{\text{eff}}^c)[A_1(T_{\text{eff}}^c,\ P_{\text{eff}}^c)(T_{\text{eff}} - T_{\text{eff}}^c) + A_2(T_{\text{eff}}^c,\ P_{\text{eff}}^c)(P_{\text{eff}} - P_{\text{eff}}^c)]}{2B}$$

$$V = \frac{\partial G}{\partial P_{\text{eff}}} = V_0 + \frac{A_2(T_{\text{eff}}^c,\ P_{\text{eff}}^c)[A_1(T_{\text{eff}}^c,\ P_{\text{eff}}^c)(T_{\text{eff}} - T_{\text{eff}}^c) + A_2(T_{\text{eff}}^c,\ P_{\text{eff}}^c)(P_{\text{eff}} - P_{\text{eff}}^c)]}{2B}$$

临界点处的热容和等温压缩系数为

$$C_{P_{\text{eff}}^c} = C_{P_{\text{eff}}^c\,0} + \frac{A_1^2(T_{\text{eff}}^c,\ P_{\text{eff}}^c)T_{\text{eff}}^c}{2B}$$

$$C_{V^c} = C_{V^c\,0} + \frac{A_2^2(T_{\text{eff}}^c,\ P_{\text{eff}}^c)T_{\text{eff}}^c}{2B}$$

$$\kappa_{T_{\text{eff}}^c} = \kappa_{T_{\text{eff}}^c\,0} + \frac{A_2^2(T_{\text{eff}}^c,\ P_{\text{eff}}^c)T_{\text{eff}}^c}{2V^c B}$$

上述形式表明它们与铁磁系统一样，在临界点处存在突变或者是尖峰。相应的临界指数为 $\alpha' = \alpha'' = 0$。又由于当 $P_{\text{eff}} = P_{\text{eff}}^c$ 时，$\chi^{-1} = \partial^2 G / \partial \eta^2 = 2A + 12B\eta^2$，可得

$$\chi = \begin{cases} 1/[2A_1(T_{\text{eff}}^c,\ P_{\text{eff}}^c)(T_{\text{eff}} - T_{\text{eff}}^c)] & T_{\text{eff}} > T_{\text{eff}}^c \\ 1/[2A_1(T_{\text{eff}}^c,\ P_{\text{eff}}^c)(T_{\text{eff}}^c - T_{\text{eff}})] & T_{\text{eff}} < T_{\text{eff}}^c \end{cases}$$

（6-51）

并且临界指数 $\gamma = \gamma' = 1$。此外，该系统的临界指数也满足标度关系式

$$\alpha' + 2\beta' + \gamma = 2, \ \alpha' + \beta'(1+\delta) = 2 \qquad (6\text{-}52)$$

6.1.6 RN-dS 时空的热力学几何

正如上一小节中给出的，所有的临界指数都是独立于参数 A 和 B 的，这也与普通的热力学系统的结论一致，主要是因为临界点附近序参量的涨落被忽略了。文章［51，52，63］探究了在时空标曲率奇异点处的黑洞相结构。与流体系统类似，临界点处 AdS 黑洞的标曲率是发散的。这个性质也可以被应用在 RN-dS 时空，检验其热力学几何性质。标曲率的正负号可以表征系统内部任意两个微观组成成分之间的相互作用。正的标曲率意味着排斥的相互作用，而负的标曲率代表的是吸引相互作用。这一部分中，将研究 RN-dS 时空的标曲率，从而揭示该系统可能的微观结构。

为了简化，采取 T_{eff}，V 作为涨落坐标，则热力学系统的二维度规可写为

$$g_{\mu\nu} = \frac{1}{T_{\text{eff}}} \begin{pmatrix} \dfrac{\partial S}{\partial T_{\text{eff}}}\bigg|_V & 0 \\[2ex] 0 & \dfrac{\partial P_{\text{eff}}}{\partial V}\bigg|_{T_{\text{eff}}} \end{pmatrix} \qquad (6\text{-}53)$$

又因为热容 $C_V = T_{\text{eff}} \dfrac{\partial S}{\partial T_{\text{eff}}}\bigg|_v$，故而线元可以表示为

$$dl^2 = \frac{C_V}{T_{\text{eff}}^2} dT_{\text{eff}}^2 + \frac{(\partial_V P_{\text{eff}})\big|_{T_{\text{eff}}}}{T_{\text{eff}}} dV^2 \qquad (6\text{-}54)$$

很容易得到标曲率为

$$R = \frac{1}{2C_V^2(\partial_V P_{\text{eff}})} \left\{ \begin{array}{l} T_{\text{eff}}(\partial_V P_{\text{eff}})[(\partial_V C_V)^2 + \partial_{T_{\text{eff}}} C_V(\partial_V P_{\text{eff}} - T_{\text{eff}}\partial_{T_{\text{eff}},V} P_{\text{eff}})] + \\ C_V \left[\begin{array}{l} (\partial_V P_{\text{eff}})^2 + T_{\text{eff}}(\partial_V C_V(\partial_{V,V} P_{\text{eff}}) - T_{\text{eff}}(\partial_{T_{\text{eff}},V} P_{\text{eff}})^2) + \\ 2T_{\text{eff}}\partial_V P_{\text{eff}}(T_{\text{eff}}(\partial_{T_{\text{eff}},T_{\text{eff}},V} P_{\text{eff}}) - \partial_{V,V} C_V) \end{array} \right] \end{array} \right\}$$

$$(6-55)$$

结合方程（6-13）（6-20）（6-21）（6-31）和（6-55），可以给出该系统发生一阶相变时对应的两个共存相的标曲率随两视界面电势比值的变化行为，如图 6-11 所示。从图中可以看出，两个共存相的标曲率都为正的，表明了该系统处于两个共存相时，其内部的微观结构之间表现为排斥相互作用。由于 $R_2 \geqslant R_1$，处于 φ_{+2} 相的相互作用比处于 φ_{+1} 相的强，直到一阶相变点变为临界点时，标曲率彼此相等。

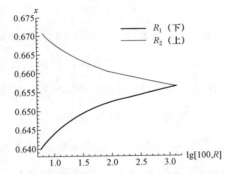

图 6-11　当系统经历一阶相变时，两共存相对应的
标曲率对数随两视界半径比值的变化曲线

6.2　带有非线性电荷源的 dS 黑洞

自从 Hawking-Page（HP）相变[6]被发现以来，在扩展相空间中带电的 AdS/dS 黑洞其相变被广泛地研究[2-19,64]。AdS 时空的 HP 相变给出了不同相时，整个时空的演化方向：即 AdS 时空随温度的升高，从纯热辐

射阶段到 AdS 黑洞与热辐射共存阶段，最后到达稳定的黑洞相。这种相变被 Witten 解释为规范理论中的紧闭/非禁闭相变[7]。将宇宙常数看作热力学参量——压强，它的共轭变量是热力学体积，则 AdS 黑洞系统的一阶相变也可以理解为固/液相变[65]。

具有双视界面的史瓦西-AdS 黑洞是热稳定的，系统不存在 HP 相变。而对于具有球形视界的 Schwarzschild-AdS 黑洞，AdS 时空中的纯热辐射与稳定的较大黑洞之间存在 HP 相变。随后，作者[11]将该方法扩展到了带电的 AdS（即 Reissner-Nordstrom-AdS）黑洞。并研究了 Einstein-Gauss-Bonnet 引力框架下系统的 HP 相变[66,67]。目前，已有一些关于 AdS 时空中 HP 相变的研究。因此，HP 相变能否在 dS 时空中存在是一个自然的问题。在文献［45，47，50，68］中，作者通过将黑洞放入球形腔中，揭示了 dS 黑洞在扩展相空间中的 HP 相变性质与其特定边界的关系。然而，人为增加 dS 黑洞的边界，会使其失去普适性。在此基础上，我们将通过考虑 dS 黑洞视界与宇宙学视界之间的相互作用来研究具有非线性源的 dS 时空的 HP 相变和朗道相变。

在自然界中，大多数具有物理意义的系统都是非线性的，因此非线性场论使得探究不同的数学物理分支变得更为有意义。非线性电动力学（NLED）具有更丰富的结构，在特殊情况下可简化为线性麦克斯韦理论（LMT）。由于在 LMT 中存在各种限制[69,70]，特别是辐射在特定材料内部传播的限制[71-74]，所以应更多地考虑 NLED。此外，NLED 可以去除大爆炸奇点和黑洞奇点[75]。最近，作者[76,77]用 NLED 理论验证了高维拓扑静态黑洞的热力学第一定律，并分析了非线性电荷校正对黑洞热力学性质的影响。在本小节中，将探究该系统的 HP 相变以及热力学一阶相变相关的性质。结果发现在 HP 相变中共存曲线中会出现一种独特的现象。

6.2.1　高维时空中带有非线性电荷的黑洞解

在文献［43，77-80］中作者给出了 $n+1$ 维带有非线性电荷源的爱因斯坦引力作用量

$$I_G = -\frac{1}{16\pi}\int_M \mathrm{d}^{n+1}x\sqrt{-g}\left[R-2\Lambda+L(F)\right]-\frac{1}{8\pi}\int_{\partial M}\mathrm{d}^n x\sqrt{-\gamma}\Theta(\gamma)$$

（6-56）

$$L(F) = -F + \alpha F^2 + o(\alpha^2)$$　（6-57）

其中 R 和 Λ 分别代表标曲率和宇宙学常数。函数 $L(F)$ 是带有非线性电荷源的拉格朗日作用量，其中麦克斯韦不变量为：$F = F^{\mu\nu}F_{\mu\nu}$，$F_{\mu\nu} = \partial_\mu A_\nu - \partial_\nu A_\mu$ 是电磁场张量，A_μ 是规范势。非线性电荷参数 α 是个小量，所以非线性的效应可以看作是涨落。当 $\alpha = 0$，这个理论退回到标准的麦克斯韦电磁理论。从宇宙学角度来看，磁化致密物体（如中子星或脉冲星）的引力红移与物体的质量-半径关系有关。直到非线性电荷参数 α 的一阶，该理论变为欧拉和考克尔在 1935 年提出的较早的低能量光子理论[81]。NLED 理论中对中子星或脉冲星质量半径关系的影响已在文献［82］中给出。作者已经证明，虽然引用的观测结果对标准脉冲星是无可争议的，但如果中子星被赋予了超强的磁场，就像所谓的磁星和奇异夸克磁星一样，它们可能被错误识别。当偶极子成分是主要的发射机制时，NLED 理论中的红移很可能是在模仿脉冲星表面的标准引力红移。这种混乱的红移是由于 NLED 效应引起的。在本章中，我们将研究非线性（直到 α 的一阶）对相变性质的影响。

假设高维时空中的线元为

$$\mathrm{d}s^2 = -f(r)\mathrm{d}t^2 + \frac{\mathrm{d}r^2}{f(r)} + r^2\mathrm{d}\Omega_{n-1}^2$$　（6-58）

则黑洞解对应的度规函数为

$$f(r) = k - \frac{m}{r^{n-2}} - \frac{2\Lambda r^2}{n(n-1)} + \frac{2q^2}{(n-1)(n-2)r^{2n-4}} - \frac{4q^4\alpha}{(3n^2 - 7n + 4)r^{4n-6}}$$

（6-59）

这里 m 是与黑洞质量有关的积分常数：$M = V_{n-1}(n-1)m/(16\pi)$。方程
（6-59）中的最后一项源于电荷的非线性。当 $k=1$,方程（6-57）代表 AdS
或 dS 黑洞解（$\Lambda < 0,$ 或 $\Lambda > 0$），或者渐近平直时空中的黑洞解（$\Lambda = 0$）。
当 $\alpha = 0$，并选取合适的参数，该度规函数代表的黑洞可以存在两个视界，
而当 $\alpha \neq 0$，该度规函数代表的黑洞存在三个视界。这说明非线性电荷参
数直接影响该系统视界的存在及其位置。本章节中，我们主要研究 dS 黑
洞。对于负的宇宙学常数，黑洞视界和宇宙视界半径满足 $f(r_{+, c}) = 0$。其
中 r_+ 代表黑洞的外视界半径，简称黑洞视界，r_c 代表宇宙视界半径。我
们的研究系统是黑洞视界与宇宙视界之间的 dS 时空，而关于两视界面上
的不同霍金辐射温度在文章［43，77］中已经给出。

由于黑洞视界和宇宙视界的辐射温度不同，导致不能直接将 dS 时空
看作处在热平衡状态下的普通热力学系统。然而当考虑两视界之间的引
力效应，即考虑两视界面之间的相互作用熵，此时 dS 时空看作受引力效
应影响下的热力学系统，其中热力学定律仍然成立。从整个 dS 时空来看，
由于两视界之间的弯曲时空，使得两视界之间不再是相互独立的，从而
必须引入两者之间的相互作用。dS 时空的相关热力学性质就不再与平直
时空中的系统的热力学性质相一致。当考虑两视界之间的关联熵，并将
高维时空嵌有带非线性电荷黑洞的 dS 时空看作处在热力学平衡状态下
的热力学系统，则该系统中的相关热力学量满足热一律

$$dM = T_{\text{eff}}dS - P_{\text{eff}}dV + \Phi_{\text{eff}}dQ \qquad （6-60）$$

其中 $Q \equiv qV_{n-1}/(4\pi)$。通过引入参量 $x = r_+/r_c$，$V_{n-1} = 2\pi^{n/2}/\Gamma(n/2)$，
则系统的体积和熵分别为

$$V = V_c - V_+ = \frac{V_{n-1}r_c^n(1-x^n)}{n}, \quad S = \frac{V_{n-1}r_c^{n-1}F(x)}{4} \qquad （6-61）$$

并且

$$F(x) = \frac{3n-1}{2n-1}(1-x^n)^{\frac{n-1}{n}} + 1 + x^{n-1} - \frac{n(1+x^{2n-1}) + (2n-1)(1-2x^n - x^{2n-1})}{(2n-1)(1-x^n)}$$

$$= 1 + x^{n-1} + \overline{f}(x)$$

（6-62）

该系统有效温度、有效电势、有效压强和质量参数由文章［43，50］给出，形式如下

$$T_{\text{eff}} = \frac{B(x,\ q)}{4\pi r_c x^{n-2}(1+x^{n+1})}, \ P_{\text{eff}} = \frac{g(x,\ q)}{16\pi r_c^2 x^{n-2}(1+x^{n+1})}$$

（6-63）

$$M = \frac{V_{n-1}(n-1)r_c^{n-2}}{16\pi(1-x^n)}\left(k(x^{n-2}-x^n) + \frac{2q^2(1-x^{2n-2})}{(n-1)(n-2)r_c^{2n-4}x^{n-2}} - \frac{4\overline{\varphi}(1-x^{2n-4})}{\left[2(n^2-4)+(n-3)(n-4) \right]x^{3n-4}} \right)$$

$$\Phi_{\text{eff}} = \frac{q(1-x^{2n-2})}{r_+^{n-2}(1-x^n)}\left(\frac{1}{n-2} - \frac{4q^2\alpha(n-1)(1+x^{2n-2})}{[2(n^2-4)+(n-3)(n-4)]r_+^{2n-2}} \right)$$

（6-64）

其中 $\overline{\varphi} = \dfrac{q^4\alpha}{r_+^{6n-6}}$，并且

$$B(x,q) = kx^{n-3}[(n-2-nx^2)(1-x^n) + 2(n-2)(1-x^2)x^n]$$

$$+ \frac{2q^2 x^{n-3}}{(n-1)(n-2)r_+^{2n-4}}[nx^n(1-x^{n-2}) - (n-2)(1-x^{3n-2})]$$

$$+ \frac{4\overline{\varphi}x^{n-3}}{3n^2-7n+4}[(3n-4)x^n(1-x^{4n-4}) - 4(n-1)x^n + nx^{4n-4} + 3n - 4]$$

$$g(x,q) = F'\left[k(n-2)x^{n-2}(1-x^2) - \frac{2q^2 x^{n-2}(1-x^{2n-2})}{(n-1)r_+^{2n-4}} + \frac{4(3n-4)\overline{\varphi}x^{n-3}(1-x^{4n-4})}{2(n^2-4)+(n-3)(n-4)} \right]$$

$$- \frac{4(n-1)F\overline{\varphi}x^{n-3}}{2(n^2-4)+(n-3)(n-4)}\left[\frac{nx^n(1-x^{4n-4})}{1-x^n} - nx^{4n-4} - (3n-4) \right]$$

$$+\frac{2q^2(n-1)F}{(n-1)(n-2)r_c^{2n-4}x^{n-1}}\left[\frac{nx^n(1-x^{2n-2})}{1-x^n}-nx^{2n-2}-(n-2)\right]$$

$$+k(n-1)Fx^{n-3}\left[\frac{nx^n(1-x^2)}{1-x^n}-nx^2+(n-2)\right]$$

需要强调的是：方程（6-61）中系统的总熵不仅仅是两视界面熵之和，方程（6-62）中的函数 $\overline{f}(x)$ 代表两视界关联熵的贡献，$\overline{\varphi}$ 称为非线性电荷的修正项，它代表了非线性源的效应。

6.2.2 嵌有带非线性电荷黑洞的四维 dS 时空的一阶相变

接下来主要考虑四维 dS 时空的热力学相变。对于方程（6-63），取 $n=3$，则有效温度和有效压强可以写为

$$0=T_{\text{eff}}f_1(x)-\frac{f_2(x)}{r_+}+\frac{q^2f_3(x)}{r_+^3} \tag{6-65}$$

$$0=P_{\text{eff}}f_4(x)r_+^4+f_5(x)r_+^2+q^2f_6(x) \tag{6-66}$$

其中

$$f_1(x)=\frac{4\pi(1+x^4)}{1-x},\ f_3(x)=(1+x+x^2)(1+x^4)-2x^3,\ f_4(x)=\frac{8\pi(1+x^4)}{x(1-x)}$$

$$f_2(x)=k[(1-3x^2)(1+x+x^2)+4x^3(1+x)]+$$
$$2\overline{\varphi}[5(1+x+x^2)(1+x^8)+2x^3(1+x+x^2+x^3+x^4)]/5$$

$$f_5(x)=kx(1+x)F(x)'/2-\frac{k(1+2x)F}{1+x+x^2}-\overline{\varphi}F'(1+x)(1+x^2)(1+x^4)$$

$$-\frac{2\overline{\varphi}F(5+10x+15x^2+12x^3+9x^4+6x^5+3x^6)}{5(1+x+x^2)}$$

$$f_6(x)=-x(1+x)(1+x^2)F(x)'/2+\frac{(1+2x+3x^2)F(x)}{1+x+x^2}$$

$$F(x)=\frac{8}{5}(1-x^3)^{2/3}-\frac{2(4-5x^3-x^5)}{5(1-x^3)}+1+x^2=\overline{f}(x)+1+x^2$$

相应的质量参数、体积和熵为

$$M=\frac{V_2 r_+(1-x^2)}{8\pi(1-x^3)}\left[k+\frac{q^2(1+x^2)}{r_+^2}-\frac{2\overline{\phi}}{5}\right]$$

$$M=\frac{V_2 r_+(1-x^2)}{8\pi(1-x^3)}\left[k+\frac{q^2(1+x^2)}{r_+^2}-\frac{2\overline{\phi}}{5}\right]$$ 　（6-67）

$$V=\frac{4\pi r_+^3(1-x^3)}{3x^3},\quad S=\pi r_+^2 F(x)$$

当系统经历一个等温或者等压过程，由方程（13）和（14）可得到该过程中具有物理意义的黑洞视界半径形式

$$r_+=r_p=\sqrt{\frac{-f_5(x)+\sqrt{f_5^2(x)-4q^2 P_{eff}f_4(x)f_6(x)}}{2P_{eff}f_4(x)}},\quad（6-68）$$

$$r_+=r_t=\sqrt{\frac{3q^2 f_3(x)}{4f_2(x)}\frac{1}{\cos(\theta+4\pi/3)}}$$

$$\theta=\frac{1}{3}\arccos\left(\frac{-qT_{eff}f_1(x)\sqrt{27f_2(x)f_3(x)}}{2f_2^2(x)}\right)\quad（6-69）$$

临界点可由如下关系式决定

$$\left.\frac{\partial P_{eff}}{\partial V}\right|_{T_{eff},\ q}=\left.\frac{\partial^2 P_{eff}}{\partial V^2}\right|_{T_{eff},\ q}=0\quad（6-70）$$

通过求解上述方程，可得到不同非线性电荷修正项下热力学参量的临界值，如表 6-2 所示，其中参数取为 $k=1$，$q=1$。从表中很明显地可以看出对于给定的非线性电荷修正项，当 $x=x^c$，$r_+=r_+^c$ 时，系统会发生相变。并且临界值、临界黑洞视界半径以及临界有效压强都会随着非线性电荷修正的增加而增加，临界宇宙视界半径、临界体积、临界有效温度以及临界熵随着非线性电荷修正的增加而单调地减小。这表明随着非线性电荷修正的增加，通过两视界之间的相互作用，它们彼此越来越近，

且两者之间的相互作用越来越强，两视界之间的关联熵是负值。

表 6-2　不同电荷修正下临界热力学参量，参数取为 $k=1$，$q=1$

非线性电荷的修正	$\bar{\varphi}=0$	$\bar{\varphi}=10^{-5}$	$\bar{\varphi}=10^{-3}$	$\bar{\varphi}=0.002$	$\bar{\varphi}=0.005$	$\bar{\varphi}=0.01$
$x_c=r_+/r_c$	0.656 46	0.656 47	0.657 98	0.659 51	0.664 13	0.671 88
r_+^c	2.643 8	2.643 82	2.647 23	2.650 37	2.660 29	2.678 3
r_c^c	4.027 35	4.027 28	4.023 28	4.018 67	4.005 66	3.986 31
V^c	196.214	196.199	195.083	193.87	190.359	184.863
S^c	68.208 9	68.207 8	68.180 9	68.137	68.038 2	67.973 3
T_{eff}^c	0.008 633 95	0.008 633 88	0.008 627	0.008 619	0.008 594	0.008 544
P_{eff}^c	0.000 583 68	0.000 583 69	0.000 584 5	0.000 581 9	0.000 587 1	0.000 589 2

选取 P_{eff}–V 作为对偶热力学参量，并同时考虑方程（6-61）（6-67）（6-68）和（6-70），不同非线性电荷修正项下对应的系统等温过程的相图如图 6-12 所示，其中 $k=1$，$q=1$，图 6-12（a）中 $\bar{\phi}=10^{-5}$，图 6-12（b）中 $T_{\text{eff}}=0.008\,591<T_{\text{eff}}^c$。当温度低于临界温度时，带有非线性电荷源的四维 de-Sitter 时空将会出现相变，而当温度高于临界温度时相变消失。从图 6-12（b）中可以看出对于给定的低温，一阶相变对应的系统压强会随着非线性电荷修正的增加而增加。非线性电荷修正越大，两视界之间的相互作用越强，这个规律对于临界点仍然成立。由于数值求解系统的一阶相变点很难，这里我们不再详细地呈现非线性电荷修正对一阶相变点的影响。

接下来，将通过吉布斯自由能来探究该系统的一阶相变信息。吉布斯自由能是除了麦克斯韦等面积率之外能研究热力学系统相变非常重要的热力学量。对于热力学系统的一阶相变，吉布斯自由能将展现出燕尾行为，二阶相变点处，吉布斯自由能变成连续但不光滑的函数。此外，它也可以用来探究黑洞系统的动力学相变信息。由方程（6-65）可得四维时空中的黑洞质量参数为

$$M = \frac{V_2\left(1-x^2\right)r_+}{8\pi\left(1-x^3\right)}\left(k + \frac{q^2\left(1+x^2\right)}{r_+^2} - \frac{2\overline{\varphi}}{5}\right) \qquad (6\text{-}71)$$

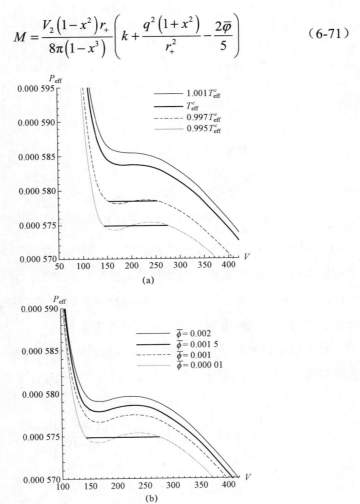

图 6-12　不同温度和不同非线性电荷修正下 $P_{\text{eff}} - V$ 相图中的等面积率

系统的吉布斯自由能为

$$G(r_+,\ x) = M - T_{\text{eff}}S + P_{\text{eff}}V \qquad (6\text{-}72)$$

当系统经历等温过程时，由方程（6-61）（6-68）（6-69）（6-70）和（6-71）可以得到不同非线性电荷修正下，临界点附近系统的吉布斯自由能行为，如图 6-13 所示，其中 $k=1$，$q=1$，$\overline{\phi}=10^{-5}$，从右到左温度分

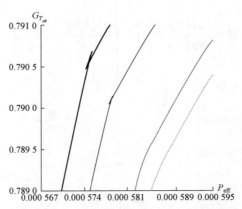

图 6-13　不同温度下吉布斯自由能随压强的变化曲线

别为 $1.001T_{\text{eff}}^c$、T_{eff}^c、$0.997T_{\text{eff}}^c$、$0.995T_{\text{eff}}^c$。对于低温情形，吉布斯自由能展现出燕尾行为。当温度达到临界值，燕尾行为消失。当温度高于临界值时，吉布斯自由能是一个随压强变化的单值函数。可以通过读吉布斯自由能图中的交点，从而得到系统一阶相变的相变点。

此外也可以通过系统的热熔、等压膨胀系数和等温压缩系数来刻画系统的临界。系统的等压热熔和等容热熔可以写为如下形式

$$C_V = T_{\text{eff}} \left(\frac{\dfrac{\partial S}{\partial r_+} \dfrac{\partial V}{\partial x} - \dfrac{\partial S}{\partial x} \dfrac{\partial V}{\partial r_+}}{\dfrac{\partial T_{\text{eff}}}{\partial r_+} \dfrac{\partial V}{\partial x} - \dfrac{\partial T_{\text{eff}}}{\partial x} \dfrac{\partial V}{\partial r_+}} \right) \tag{6-73}$$

$$C_{\text{Peff}} = T_{\text{eff}} \left(\frac{\dfrac{\partial S}{\partial r_+} \dfrac{\partial P_{\text{eff}}}{\partial x} - \dfrac{\partial S}{\partial x} \dfrac{\partial P_{\text{eff}}}{\partial r_+}}{\dfrac{\partial T_{\text{eff}}}{\partial r_+} \dfrac{\partial P_{\text{eff}}}{\partial x} - \dfrac{\partial T_{\text{eff}}}{\partial x} \dfrac{\partial P_{\text{eff}}}{\partial r_+}} \right) \tag{6-74}$$

等压膨胀系数和等温压缩系数为

$$\alpha_{\text{Peff}} = \frac{1}{V} \left(\frac{\dfrac{\partial V}{\partial r_+} \dfrac{\partial P_{\text{eff}}}{\partial x} - \dfrac{\partial V}{\partial x} \dfrac{\partial P_{\text{eff}}}{\partial r_+}}{\dfrac{\partial T_{\text{eff}}}{\partial r_+} \dfrac{\partial P_{\text{eff}}}{\partial x} - \dfrac{\partial T_{\text{eff}}}{\partial x} \dfrac{\partial P_{\text{eff}}}{\partial r_+}} \right) \tag{6-75}$$

$$\kappa_{T\mathrm{eff}} = -\frac{1}{V}\left(\frac{\dfrac{\partial V}{\partial r_+}\dfrac{\partial T_{\mathrm{eff}}}{\partial x} - \dfrac{\partial V}{\partial x}\dfrac{\partial T_{\mathrm{eff}}}{\partial r_+}}{\dfrac{\partial P_{\mathrm{eff}}}{\partial r_+}\dfrac{\partial T_{\mathrm{eff}}}{\partial x} - \dfrac{\partial P_{\mathrm{eff}}}{\partial x}\dfrac{\partial T_{\mathrm{eff}}}{\partial r_+}}\right) \tag{6-76}$$

由方程（6-61）（6-68）（6-69）（6-70）和（6-71），可得到这四个参量的曲线行为，如图 6-14 所示，其中 $k=1$，$q=1$。从图中可以看出，对于具有一定非线性电荷校正的 dS 时空，等压热容、等压膨胀系数和等温压缩系数在临界点处都会呈现出肖特基峰。这与普通热力学系统在热力学平衡中的结论是一致。此外，$C_{P_{\mathrm{eff}}} - T_{\mathrm{eff}}$ 中的肖特基峰向左移动随着非线性电荷校正，有效临界温度的增加变得更小。在图 6-11（c）和 6-11（d）中，肖特基峰向右移动，这表明临界点处的两视界半径比值 $x_c (x_c = r_+^c / r_c^c)$ 变得更大。这些性质与我们在表 6-2 中显示的完全一致。注意，非常有趣的是，在恒定体积下的热容是非零的，这与 AdS 黑洞中的热容完全相反。这可以看作是 dS 时空和 AdS 黑洞之间的区别。此外，恒定体积下的热容随着非线性电荷校正的增加而减小。

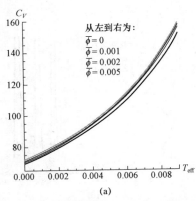

图 6-14　不同非线性电荷修正下等容热容、等压热容、等压膨胀系数和
等温压缩系数随两视界半径比值的变化曲线

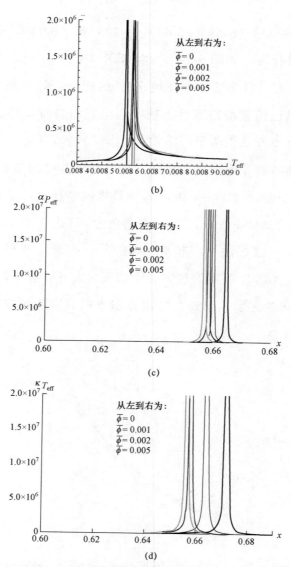

图 6-14　不同非线性电荷修正下等容热容、等压热容、等压膨胀系数和
等温压缩系数随两视界半径比值的变化曲线（续）

6.2.3　嵌有带非线性电荷黑洞的四维 dS 时空的热动力学相变

最近，文章［83］的作者提出 RN-AdS 黑洞的吉布斯自由能与热力学相变有关。随后，这一想法被应用于各种 AdS 黑洞。基于此，接下来将从吉布斯自由能的角度研究该系统的热动力学相变。在 $P_0 + 0.000\,057\,49$ 和 $T_0 + 0.995T_c$ 的相变点处的吉布斯自由能的图片显示在图 6-15 中，其中 $k=1$，$q=1$，$\bar{\phi}=10^{-5}$。从这张图中，可以看到吉布斯自由能表现出双阱行为。即有两个局部最小值（位于 $r_s + 2.447$，$r_1 + 2.884$），它们对应于具有正热容的稳定的小/大 dS 黑洞相。位于 $r_m + 2.659$ 处的局部最大值代表具有负热容的不稳定的中间 dS 黑洞相，并充当稳定的小和大 dS 黑洞相之间的势垒。此外，两个局部极小值的深度是相同的。这表明，从吉布斯自由能的角度来看，两个阱在相同深度的情况下会发生相变。在这个问题上，预计重入相变或三相点可能对应于更多的吉布斯自由能阱。

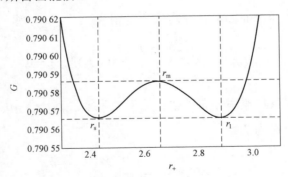

图 6-15　当系统经历一阶相变时，吉布斯自由能随黑洞视界半径的变化曲线

文献［67，83-88］的作者提出 AdS 黑洞相变的随机动力学过程可以通过吉布斯自由能景观上的相关概率 Fokker-Planch 方程，这是一个控制波动宏观变量分布函数的运动。对于 AdS 黑洞热力学系统，视界半径 r_+ 是序参数，它可以被视为相变时对应的 tu 热随机涨落变量。基于此，通

过将 dS 黑洞视界视为 dS 时空的序参数和热随机涨落变量，将展示在热涨落下正则系综中相变的动力学过程[89]。注意，正则系综由一系列具有任意黑洞视界半径的 dS 时空组成。这些 dS 时空的概率分布函数满足基于吉布斯自由能的 Fokker-Planck 方程

$$\frac{\partial \rho(t,r_+)}{\partial t} = D\frac{\partial}{\partial r_+}\left(e^{-\beta G(r_+,x)}\frac{\partial}{\partial r_+}\left[e^{\beta G(r_+,x)}\rho(t,r_+)\right]\right) \qquad (6\text{-}77)$$

式中 $\beta = 1/kT$，$D = kT/\xi$ 为扩散系数，k 为玻耳兹曼常数，ξ 为耗散系数。在不失一般性的情况下，设置 $k+\xi+1$。注意，尽管吉布斯自由能是 r_+ 和 x 的函数，但通过以某种方式替换 x 和 r_+ 之间的关系，概率分布函数仍然可以看作为 r_+ 和 t 的函数。为了求解上述方程，需要考虑两种边界条件：反射边界条件（确保概率分布函数的归一化）和吸收边界条件。对于该系统，左边界应该比小黑洞相的视界半径小，右边界应该比大黑洞相的视界半径大。由于该系统在 $P_0 + 0.0005749$ 下，有效温度处在最小值 0.0081799，因此该系统的黑洞也存在最小视界半径 $r_{\min} + 1.90074$，将该视界半径作为左边界，右边界取值为 4。反射边界条件意味着概率流分布函数在左右边界处消失

$$j(t,r_0) = -T_E e^{-\frac{G_L}{T_E}}\frac{\partial}{\partial r_+}\left(e^{\frac{G_L}{T_E}}\rho(t,r_+)\right)\Big|_{r_+=r_0} = 0 \qquad (6\text{-}78)$$

吸收边界条件概率分布函数在边界处为零：$\rho(t,r_0) = 0$。选择处在 r_i 的高斯性波包作为初始条件

$$\rho(0,r_+) = \frac{1}{\sqrt{10\pi}}e^{-\frac{(r_+-r_i)^2}{a^2}} \qquad (6\text{-}79)$$

其中 a 为一常数，并且它的取值不会影响最终结果。而高斯性波包的宽带由参数 a 所决定。接下来研究该系统的热动力学相变，可以选取 $r_i = r_s$ 或者 $r_i = r_l$。这也意味着该系统初始时刻是处于小黑洞或者大黑洞相的 dS 时空。图 6-16 和 6-17 中给出了概率分布函数的时间演化图像。

其中，图 6-16 的参数为 $k=1$，$q=1$，$\bar{\phi}=10^{-5}$，$0.995T_{\text{eff}}^{c}$；图 6-17 的参数为 $q=0.85$，$\gamma=0.8, 0.995T_{\text{eff}}^{c}$（实线）、$0.997T_{\text{eff}}^{c}$（断线）。

在初始时刻，当系统的温度取为 $T_{\text{eff}}=0.995T_{c}$，高斯性波包分别位于大黑洞相和小黑洞相的视界半径处，参数 a 取为 0.1。处在两个不同黑洞相的高斯性波包都会随着时间的流逝而减小，最后趋于一个确定的常数。然而，处在小黑洞相的概率分布函数的最大值［图 6-16（b）］和处在大黑洞相的概率分布函数的最大值［图 6-17（b）］是从零增加到相同常数。这表明处于大黑洞相的系统逐渐转变为处于小黑洞相的系统。这里需要注意初始时刻处于小黑洞相和大黑洞相的概率分布函数的最大值在极短时间内并不是单调增加的，这是与 AdS 黑洞系统是不一样的。基于此，可以直接给出一个猜想：嵌有黑洞的 dS 系统与 AdS 黑洞系统在本质上是不一样的。最后分别处在不同的黑洞相的系统在很短时间内到达一个共存的静态热平衡状态。该结论与图像 $G-r_{+}$ 中呈现的一致：最终处于不同黑洞相的吉布斯自由能具有相同深度的双势阱。

通常表征热动力学相变的一个非常重要的量就是第一次穿越时间，它指的是处于稳定的大或者小黑洞相的系统逃离到一个不稳定的中黑洞相系统的时间，也就是吉布斯自由能中系统从一个势阱穿越到势垒的时间。假设稳定的黑洞相对应的边界条件是完全吸收的边界条件，如果系统在热涨落下第一次穿越，则系统就会离开这种状态。可以将 Σ 定义为热动力过程在第一个通过时间内的概率和：

$$\Sigma = \int_{r_{\min}}^{r_{m}} \rho(t,r_{+})\mathrm{d}r_{+} \quad \text{或} \quad \Sigma = -\int_{r_{rb}}^{r_{m}} \rho(t,r_{+})\mathrm{d}r_{+} \qquad （6\text{-}80）$$

这里 $r_{m}, r_{\min}, r_{rb}$ 分别是中、最小和右边界的黑洞视界半径。经过长时间，该系统的 Σ 变为零，$\Sigma(t,r_{1})|_{t\to\infty}=0$ 或者 $\Sigma(t,r_{s})|_{t\to\infty}=0$。注意，第一次穿越时间是一个随机的变量，这是由于该系统的热动力学相变过程就是由热涨落引起的。因此，引入第一次穿越时间的分布函数

$$F_p = -\frac{\mathrm{d}\Sigma}{\mathrm{d}t} \qquad (6\text{-}81)$$

很显然，指的是处于大或者小黑洞相的系统在时间段内第一次穿越通过不稳定的中黑洞相的概率。由方程（25）和（28）可得第一次穿越时间的分布函数为

$$F_p = -D\frac{\partial \rho(t, r_+)}{\partial r}\Big|_{r_m} \quad 或 \quad F_p = D\frac{\partial \rho(t, r_+)}{\partial r}\Big|_{r_m} \qquad (6\text{-}82)$$

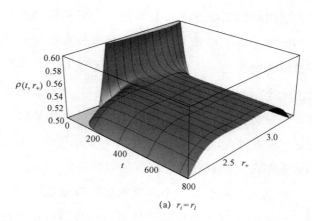

(a) $r_i = r_l$

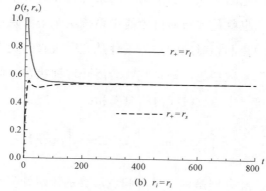

(b) $r_i = r_l$

图 6-16　概率分布函数的时间演化图像

（a）当初始条件选为大黑洞相时，概率分布函数随时间和黑洞视界半径的三维图像；（b）大、小黑洞相对应的概率分布函数随视界的演化；（c）当初始条件选为小黑洞相时，概率分布函数随时间和黑洞视界半径的三维图像；（d）大、小黑洞相对应的概率分布函数随视界的演化

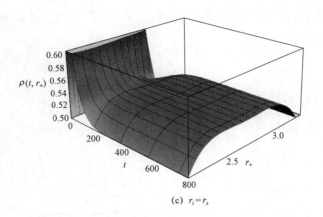

(c) $r_i = r_s$

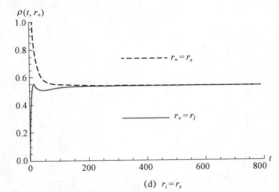

(d) $r_i = r_s$

图 6-16　概率分布函数的时间演化图像（续）

（a）当初始条件选为大黑洞相时，概率分布函数随时间和黑洞视界
半径的三维图像；（b）大、小黑洞相对应的概率分布函数随视界的演化；
（c）当初始条件选为小黑洞相时，概率分布函数随时间和黑洞视界半径的
三维图像；（d）大、小黑洞相对应的概率分布函数随视界的演化

　　这里 Fokker-Planck 方程的吸收和反射边界条件分别取为 r_m 和另外一边（r_{min} 或者 r_{rb}）位置处。通过求解不同相变温度下的 Fokker-Planck 方程，并将结果代入方程（28）和（29），图 6-17 呈现了初始条件为大黑洞相的数值结果：Σ 在极短的时间内衰减得很快。并且会随着有效温度的增加而快速减小。对于不同的有效温度 F_p 的行为类似。在初始时刻附近对于任意给定的温度 F_p 中会出现一个孤立的峰值。系统发生一阶相变时，相变温度对 F_p 的影响与对 Σ 和 G 的影响类似。这也意味着：温度越高，概率分布函数衰减得越快，相变越容易发生，吉布斯自由能的势垒越浅；

反之温度越低，概率分布函数衰减得越慢，相变越难发生，吉布斯自由能的势垒越深。

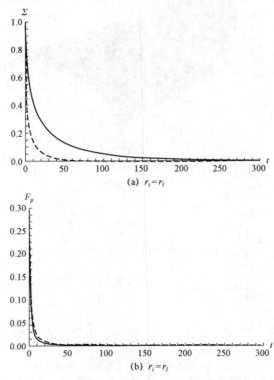

图 6-17　系统在第一次穿越时间内的几率函数 $\Sigma(t)$
（a）和时间演化分布函数 $F_p(t)$ （b）

6.2.4　嵌有带非线性电荷黑洞的四维 dS 时空的 Hawking-Page（HP）相变

众所周知，黑洞视界和宇宙视界都有霍金辐射。这些霍金辐射可以看作是系统的背景热浴。当 dS 时空处于热力学平衡状态时，可以认为 dS 黑洞是在背景热浴中。dS 黑洞与背景热浴之间存在交换能量，吉布斯自由能应该为零。吉布斯自由能是除了等面积定律外另外一个研究相变的重要热力学参量。它也可以用于研究 HP 相变，即当 $G=0$ 时，系统的 HP 相变出现。在这部分中，将分析四维带非线性电荷源的 dS 时空的 HP 相变性质，并给出相应的共存曲线。

等压情形下该系统的吉布斯自由能为

$$G(r_+,x)=M-T_{\mathrm{eff}}S+P_{\mathrm{eff}}V \qquad (6\text{-}83)$$

图 6-18 中给出了不同的等压和非线性电荷修正下的 $G_{P_{\mathrm{eff}}}-T_{\mathrm{eff}}$ 曲线，其中，图 6-18（a）中参数设为 $q=1$，$k=1$，$\bar{\phi}=0.002$，从左到右压强分别为 $P_{\mathrm{eff}}=1.459\times10^{-4}$、$P_{\mathrm{eff}}=1.634\times10^{-4}$、$P_{\mathrm{eff}}=1.751\times10^{-4}$；图 6-18（b）中参数设为 $q=1,k=1,P_{\mathrm{eff}}=1.459\times10^{-4}$，从右到左非线性电荷修正分别为 $\bar{\phi}=0,\bar{\phi}=0.002$、$\bar{\phi}=0.005$。很明显，吉布斯自由能不是等效温度的单调函数，它存在两个分支，分别对应于小黑洞相和大黑洞相。当有效温度固定时，两分支的吉布斯自由能随等效压强的增加而明显增加，而两分支的吉布斯自由能随非线性电荷修正均略有降低。从图中可以看出该系统存在最小的等效温度 T_{eff}^{0}（折点）和 HP 相变温度 $T_{\mathrm{eff}}^{\mathrm{HP}}$（交点），且 $T_{\mathrm{eff}}^{0}<T_{\mathrm{eff}}^{\mathrm{HP}}$。此外，$T_{\mathrm{eff}}^{0}$ 和 $T_{\mathrm{eff}}^{\mathrm{HP}}$ 都随着等效压强而增加，而非线性电荷修正对其几乎没有影响。

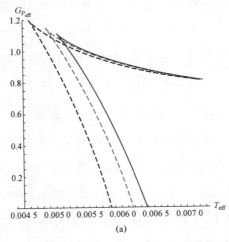

图 6-18　不同等效压强和非线性电荷修正下系统的
吉布斯自由能随等效温度的变化曲线

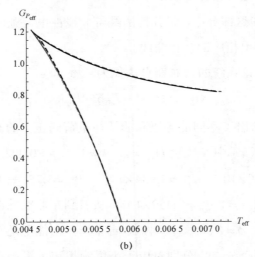

(b)

图 6-18   不同等效压强和非线性电荷修正下系统的
吉布斯自由能随等效温度的变化曲线（续）

为了分析给定等效压强和非线性电荷校正情况下 dS 时空中的不同稳定相，给出了 $G_{\text{eff}} - T_{\text{eff}}, T_{\text{eff}} - r_+, r_+ - x, T_{\text{eff}} - x$ 的曲线行为，其中参数取值 $\bar{\phi} = 0.002$，$P_{\text{eff}} = 1.459 \times 10^{-4}$，如图 6-19 所示，其中参数设为 $q = 1$，$k = 1, \bar{\phi} = 0.002, P_{\text{eff}} = 1.459 \times 10^{-4}$。最小等效温度和 HP 相变温度分别用大写字母 B 和 C 表示，A 表示 $G_{P\text{eff}} - T_{\text{eff}}$ 中上分支的某一点温度。C 和 B 之间代表大黑洞的热容为正，故大黑洞相是热稳定的，而 B 和 A 之间代表小黑洞的热容为负，所以小黑洞相是热力学不稳定的。存在一个最小的等效温度，低于这个温度时 dS 时空中就不存在黑洞。当 $T_{\text{eff}} < T_{\text{eff}}^0$ 时，系统处于纯热辐射相，它可以稳定存在。随着 T_{eff} 的增加，系统处在一个大的黑洞相，其吉布斯自由能大于热辐射相。进一步将增加等效温度到 $T_{\text{eff}}^{\text{HP}}$，热辐射相和稳定的大黑洞是共存，即出现 HP 相变。当系统的温度高于这个温度，则热辐射态坍缩成一个稳定的大黑洞[18,19,90]。对于 $T_{\text{eff}}^0 < T_{\text{eff}} < T_{\text{eff}}^{\text{HP}}$ 时的亚稳态的小黑洞往往可以忽略。

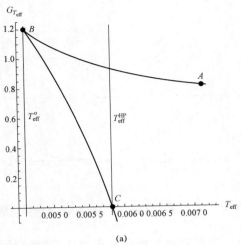

(a)

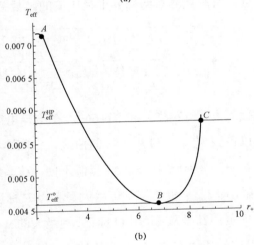

(b)

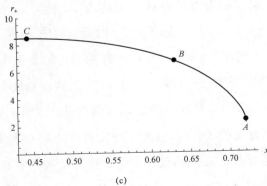

(c)

图 6-19 $G_{P_{\text{eff}}} - T_{\text{eff}}$, $T_{\text{eff}} - r_+, T_{\text{eff}} - x, r_+ - x$ 图像

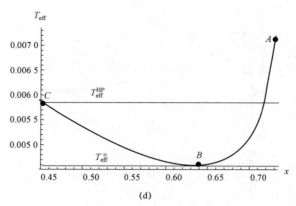

(d)

图 6-19　$G_{P_{eff}} - T_{eff}$，$T_{eff} - r_+, T_{eff} - x, r_+ - x$ 图像（续）

在 HP 相变点，黑洞视界与两视界半径比值的函数关系为[91]

$$r_+ = r_G = q \sqrt{\frac{\dfrac{(1-x^4)}{2(1-x^3)} + \dfrac{\pi F(x) f_3(x)}{x^2 f_1(x)} - \dfrac{4\pi(1-x^3) f_6(x)}{x^2 f_1(x)}}{-\dfrac{(1-x^2)}{2(1-x^3)} + \dfrac{\pi F(x) f_2(x)}{x^2 f_1(x)} + \dfrac{4\pi(1-x^3) f_5(x)}{3x^3 f_4(x)}}} \qquad (6\text{-}84)$$

将上述方程代入方程（6-65）和（6-66），在给定电荷和非线性电荷修正情况下，可以得到 $T_{eff}^{HP} - x$ 和 $P_{eff}^{HP} - x$ 的曲线，如图 6-20 所示，其中参数设为 $q = 1$，$k = 1, \bar{\phi} = 0.002$。与 AdS 黑洞不同，该系统的 HP 相变温度和压强存在上限，即 T_{effmax}^{HP} 和 P_{effmax}^{HP}，可用大写字母 E 标注。而 $T_{eff}^{HP} - x$ 和 $P_{eff}^{HP} - x$ 的图中 x 的范围都是从零（用 O 标记）到最大的 x_{max}（用 N 标记）。相应的 HP 相变温度和压力在 O 和 N 处均为零。此外，x 在 T_{effmax}^{HP} 和 P_{effmax}^{HP} 处的值相同（$x = x_0$）。对于低于 T_{effmax}^{HP} 的确定 HP 温度，有两个值为 x：$x = x_1$，$x = x_2$。然而，$x = x_1$，$x = x_2$ 对应的 HP 相变是不同的：$P_{eff2}^{HP} < P_{eff1}^{HP} < P_{effmax}^{HP}$。为了说明这一特性，$T_{eff}^{HP} - P_{eff}^{HP}$ 的共存曲线如图 6-21 所示，其中参数设为 $q = 1$，$k = 1, \bar{\phi} = 0.002$。有趣的是，$T_{eff}^{HP} - P_{eff}^{HP}$ 的曲线是一个具有两个不同分支的闭合曲线。而上分支对应的是 O 和 E 之间的过程，下分支对应的是 N 和 E 之间的过程，这意味着 x 从零增加到 x_0（即两视界面之间的距离 $d = r_+(1-x)/x$ 从 ∞ 到 $r_+(1-x_0)/x_0$），系统是处在沿着

$O \rightarrow E$ 阶段的共存态，且 HP 相变温度和压强均从零增加到最大值。进一步减少两个视界面之间的距离，直到 $r_+(1-x_{\max})/x_{\max}$，系统是处在沿着 $E \rightarrow N$ 阶段的共存态，HP 相变温度和压强都是从最大值减小到零。另外，YM 电荷参数和非线性电荷修正项对共存曲线的影响如图 6-22 所示，其中，图 6-22（a）中参数设为 $k=1, \bar{\phi}=0.002$，从上到下电荷值分别为 $q=0.8$、$q=1$、$q=1.2$；图 6-22（b）中参数设为 $k=1, q=1, \bar{\phi}=0$（细断线）、$\bar{\phi}=0.002$（粗断线）、$\bar{\phi}=0.005$（细实线）。在给定的非线性电荷修正的情况下，$T_{\text{eff}}^{\text{HP}}$ 和 $P_{\text{eff}}^{\text{HP}}$ 都对 YM 电荷参数比较敏感，且它们的最大值都随着电荷的增加而显著减小。然而，对于给定的 YM 电荷参数，非线性电荷修正项对共存现象的影响不大。

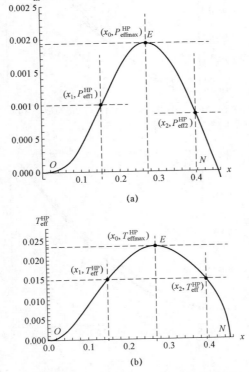

图 6-20　当系统经历 HP 相变时，系统 HP 压强和 HP 温度随两视界半径比值的变化曲线

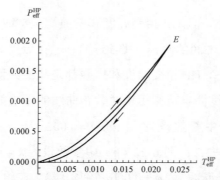

图 6-21　当系统经历 HP 相变时，HP 相变对应的共存曲线

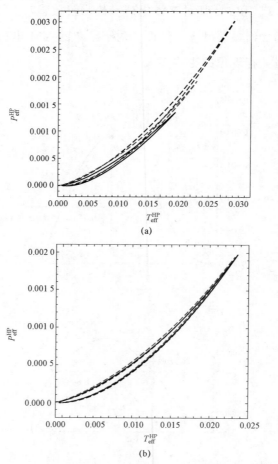

图 6-22　当系统经历 HP 相变时，不同电荷参数值和
不同非线性电荷修正对应的共存曲线

6.3　本章小结

　　本章在考虑嵌有黑洞的 dS 时空中的引力效应，即黑洞与宇宙视界存在相互作用的情况下，给出了热力学平衡状态下 RN-dS 时空和带有非线性电荷源的 dS 时空的有效热力学量。基于这些有效热力学量，研究了 RN-dS 时空和带有非线性电荷源的 dS 时空的热力学性质。这为进一步理解黑洞的引力和热力学两方面之间的关系提供了一个很好的途径。

　　首先，在一定的参数下，给出了四维 RN-dS 时空中黑洞与宇宙视界均存在的条件，即给出了黑洞与宇宙视界电势比值的范围。并导出 RN-dS 时空有效热力学量和临界点。通过对热容、等压膨胀系数和等温压缩系数的分析，我们发现这些量作为 x 的函数都存在尖峰行为，这些结果表明在一定的参数下，该体系存在二阶相变。然后，通过麦克斯韦等面积定律和吉布斯自由能的方法，展示了该系统相空间中的一阶相变，并给出了 P—T 平面的两相共存曲线。同时也发现该系统的 Prigogine-Defay（PD）比值与普通热力学系统以及 AdS 黑洞中的 PD 比值一致。为了用等焓过程描述热膨胀过程，还给出了系统等焓曲线和反转曲线的性质。等焓曲线被对应的反转曲线分为两个部分：P—T 曲线斜率为正的冷却现象和斜率为负的加热过程。此外，基于朗道连续相变理论，给出了与 AdS 黑洞和铁磁系统相一致的临界指数和标度关系式。这些在 RN-dS 时空、AdS 黑洞和 VdW 系统中的相似之处暗示了 RN-dS 时空和 AdS 黑洞应该是具有类似于范德瓦尔斯系统的内部微观结构。最后，利用 AdS 黑洞热力学中的 Ruppeiner 几何方法研究了系统发生一阶相变时对应的两共存相的标量曲率，从而探测 RN-dS 时空的微观结构。

结果表明，在两个不同的共存相中，系统的平均相互作用都是排斥的。此外，高电势相的相互作用大于与低电势相的相互作用，直到在临界点处彼此相等。

接着回顾了带有非线性电荷源的高维 dS 时空中的热力学第一定律和等效的热力学参量。考虑该系统的体积为 dS 黑洞视界和宇宙学视界之间的体积，其共轭热力学量为等效压强，而非宇宙学常数。对于带有不同电荷修正的四维 dS 时空通过探究其相关热力学性质，表明临界的两视界半径比值、临界黑洞视界半径和等效压强都会随着非线性电荷的修正呈现非单调地增加。然而临界宇宙视界半径、体积、等效温度和熵随电荷的修正呈现非单调地减小。特别是随着非线性电荷修正的增加，两视界靠得越来越近，而且修正的熵是负的，表明两视界之间的相互作用越来越强。由麦克斯韦等面积率和吉布斯自由能可以得到系统的一阶相变点。当等效温度低于临界值时，吉布斯自由能会呈现燕尾行为。此外等压热容、等压膨胀系数和等温压缩系数在临界点处都会呈现出肖特基峰。这与普通热力学系统和 AdS 黑洞系统的结论是一致的。然而该系统的等容热容非零，AdS 黑洞系统的则为零。对于该系统的热动力学相变性质的研究，当系统发生一阶相变时其吉布斯自由能存在两个等深度的势阱。通过求解 Forkker-Planck 方程，以及选取合适的边界条件和初始条件可以得到：对于初始时刻系统处于稳定的大或者小黑洞相，对应的高斯性波包会随着时间而减小，与此同时相应的处于稳定的小或者大黑洞相的概率分布函数的最大值会从零增加到某个相同的常数值。这表明随着时间的增加系统会离开初始的稳定态而到达另外一个态，直到系统的两个态达到共存。

最后对于带非线性电荷源的 dS 时空，通过研究了不同等压压强和不同非线性电荷校正情况下系统在等压过程中 HP 相变的热力学性质，表明 $G_{\text{Peff}} - T_{\text{eff}}$ 图中有两个分支：上分支代表不稳定的小黑洞，下分支代表稳定的大黑洞。此外，同时存在最小等效温度和 HP 温度，$T_{\text{eff}}^{0} < T_{\text{eff}}^{\text{HP}}$。在 $T_{\text{eff}}^{0} < T_{\text{eff}} < T_{\text{eff}}^{\text{HP}}$ 时，系统处在稳定的大黑洞相。在 $T_{\text{eff}} = T_{\text{eff}}^{\text{HP}}$ 时，出现了 HP 相变。在这个温度以上，热辐射相正在坍缩成一个更大的黑洞，这是最稳定的阶段。最后，我们发现 HP 相变的共存曲线是一个有两个不同分支的闭合曲线，这是非常有趣和独特的，HP 相变温度和压强都从零到最大值。这与 AdS 黑洞完全不同，后者在 HP 相变点处的温度和压力都是从零到无穷大的。我们可以将 HP 相变的共存曲线看作是嵌入黑洞的 dS 时空与 AdS 黑洞之间的区别。

参考文献

[1]　BARDEEN J M, CARTER B, HAWKING S W. The four laws of black hole mechanics [J]. Communications in mathematical physics, 1973, 31(2): 161-170.

[2]　BEKENST J D. Black holes and the second law [J]. Lettere Al Nuove Cimento, 1972, 15(4): 737-740.

[3]　BEKENSTEIN J D. Black hole and entropy [J]. Physical Review D, 1973, 8(7): 2333.

[4]　HAWKING S W. Particle creation by black holes [J]. Commun. Math. Phys., 1975, 43: 199-220.

[5]　BEKENSTEIN J D. Generalized second law of thermodynamics in black hole physics [J]. Physical Review D, 1974, 12(9): 3292.

[6]　HAWKING S W, PAGE D N. Thermodynamics of black holes in Anti-de sitter space [J]. Commun. Math. Phys., 1983, 87: 577-588.

[7]　WITTEN E. Anti-de sitter space, thermal phase transition, and

confinement In gauge theories [J]. Adv. Theor. Math. Phys., 1998, 2: 505-532.

[8] POURHASSAN B, SADEGHI J. STU-QCD correspondence [J]. Canadian Journal of Physics, 2013, 91(12): 995-1019.

[9] SADEGHI J, POURHASSAN B, HESHMATIAN S, et al. Application of AdS/CFT in quark-gluon plasma [J]. Advances in High Energy Physics, 2013, 2013: 1-13.

[10] CHAMBLIN A, EMPARAM R, JOHNSON C V, et al. Holography, thermodynamics and fluctuations of charged AdS black holes [J]. Physical Review D, 1999, 60(10): 104026.

[11] CHAMBLIN A, EMPARAN R, JOHNSON C V, et al. Charged AdS black holes and catastrophic holography [J]. Physical Review D, 1999, 60(6): 60.

[12] KASTOR D, RAY S, TRASCHEN J, et al. Enthalpy and the mechanics of AdS black holes [J]. Classical and Quantum Gravity, 2009, 26(19): 195011-195011.

[13] DOLAN B P. Pressure and volume in the first law of black hole thermodynamics [J]. Classical and Quantum Gravity, 2011, 28(23): 235017.

[14] CVETIČ M, GIBBONS G W, KUBIZŇÁK D, et al. Black hole enthalpy and an entropy inequality for the thermodynamic volume [J]. Physical Review D, 2011, 84(2): 024037.

[15] KUBIZNAK D, MANN R B. P-V criticality of charged AdS black holes [J]. The Journal of High Energy Physics, 2012, 2012(7): 033.

[16] CAI R G, CAO L M, LI L, et al. P-V criticality in the extended phase space of Gauss-Bonnet black holes in AdS space [J]. The Journal of High Energy Physics, 2013, 2013(9): 1-22.

[17] WEI S W, LIU Y X. Critical phenomena and thermodynamic geometry of charged Gauss-Bonnet AdS black holes [J]. Physical Review D, 2013, 87(4): 044014.

[18] HENDI S H, MANN R B, PANAHIYAN S, et al. Van der Waals like behavior of topological AdS black holes in massive gravity [J]. Physical Review D, 2017, 95(2): 021501.

[19] BHATTACHARYA K, MAJHI B R, SAMANTA S. Van der Waals criticality in AdS black holes: a phenomenological study [J]. Physical Review D, 2017, 96(8): 084037.

[20] ZHANG J L, CAI R G, YU H. Phase transition and thermodynamical geometry of Reissner-Nordström-AdS black holes in extended phase space [J]. Physical Review D, 2015, 91(4): 044028.

[21] ZOU D C, LIU Y, YUE R, et al. Behavior of quasinormal modes and Van der Waals-like phase transition of charged AdS black holes in massive gravity [J]. The European Physical Journal C, 2017, 77(6): 1-10.

[22] TOLEDO J M, BEZERRA V B, et al. Some remarks on the thermodynamics of charged AdS black holes with cloud of strings and quintessence [J]. The European Physical Journal C, 2019, 79(2): 1-11.

[23] HENDI S H, VAHIDINIA M H. Extended phase space thermodynamics and PV criticality of black holes with nonlinear source [J]. arXiv preprint arXiv:1212.6128, 2012.

[24] ZHAO R, ZHAO H H, MA M S, et al. On the critical phenomena and thermodynamics of charged topological dilaton AdS black holes [J]. The European Physical Journal C, 2013, 73(12): 1-10.

[25] MO J X, LIU W B, et al. Ehrenfest scheme for P-V criticality in the extended phase space of black holes [J]. Physics Letters B, 2013,

727(1-3): 336-339.

[26] ALTAMIRANO N, KUBIZŇÁK D, MANN R B. Reentrant phase transitions in rotating anti-de Sitter black holes [J]. Physical Review D, 2013, 88(10): 101502.

[27] SPALLUCCI E, SMAILAGIC A. Maxwell's equal-area law for charged Anti-de Sitter black holes [J]. Physics Letters B, 2013, 723(4-5): 436-441.

[28] XU H, XU W, ZHAO L. Extended phase space thermodynamics for third-order Lovelock black holes in diverse dimensions [J]. The European Physical Journal C, 2014, 74(9): 3074.

[29] MIAO Y G, XU Z M. Parametric phase transition for a Gauss-Bonnet AdS black hole [J]. Physical Review D, 2018, 98(8): 084051.

[30] MIAO Y G, XU Z M. Phase transition and entropy inequality of noncommutative black holes in a new extended phase space [J]. Journal of Cosmology and Astroparticle Physics, 2017, 2017(3): 046.

[31] XU W, XU H, ZHAO L. Gauss-Bonnet coupling constant as a free thermodynamical variable and the associated criticality [J]. The European Physical Journal C, 2014, 74(7): 2970.

[32] STROMINGER A. The dS/CFT Correspondence [J]. Journal of High Energy Physics, 2001, 0110: 034.

[33] WEINBERG S. Cosmology [M]. Oxford: Oxford University Press, 2008.

[34] MUKHANOV V. Physical foundations of cosmology [M]. Cambrige: Cambridge University Press, 2005.

[35] SEKIWA Y. Thermodynamics of de Sitter black holes: Thermal cosmological constant [J]. Physical Review D, 2006, 73(8): 084009.

[36] URANO M, TOMIMATSU A, SAIDA H. The mechanical first law of

black hole spacetimes with a cosmological constant and its application to the Schwarzschild-de Sitter spacetime [J]. Classical and Quantum Gravity, 2009, 26(10): 105010.

[37] ZHAO H H, ZHANG L C, MA M S, et al. P-V criticality of higher dimensional charged topological dilaton de Sitter black holes [J]. Physical Review D, 2014, 90(6): 064018.

[38] KASTOR D, TRASCHEN J. Cosmological multi-black-hole solutions [J]. Physical Review D, 1993, 47(12): 5370-5375.

[39] BHATTACHARYA S. A note on entropy of de Sitter black holes [J]. The European Physical Journal C, 2016, 76(3): 112.

[40] KUBIZNAK D, MANN R B, TEO M. Black hole chemistry: thermodynamics with Lambda [J]. Classical and Quantum Gravity, 2017, 34(6): 063001.

[41] KANTI P, PAPPAS T. Effective temperatures and radiation spectra for a higher-dimensional Schwarzschild-de Sitter black hole [J]. Physical Review D, 2017, 96(2): 024038.

[42] ZHANG L C, ZHAO R, MA M S. Entropy of Reissner-Nordström-de Sitter black hole [J]. Physics Letters B, 2016, 761: 74-76.

[43] ZHAO H H, ZHANG L C, GAO Y, et al. Entropic force between two horizons of dilaton black holes with a power-Maxwell field [J]. Chinese Physics C, 2021, 45(4): 43111.

[44] DOLAN B P, KASTOR D, KUBIZŇÁK D, et al. Thermodynamic volumes and isoperimetric inequalities for de Sitter black holes [J]. Physical Review D, 2013, 87(10): 104017.

[45] RONG-GEN CAI. Cardy-Verlinde formula and thermodynamics of black holes in de Sitter spaces [J]. Nuclear Physics B, 2002, 628(1):

375-386.

[46] SIMOVIC F, MANN R B. Critical Phenomena of Charged de Sitter Black Holes in Cavities [J]. Classical and Quantum Gravity, 2018, 36(1): 014002.

[47] MBAREK S, MANN R B. Reverse Hawking-Page phase transition in de Sitter black holes [J]. The Journal of High Energy Physics, 2019, 2019(2): 103-1-16.

[48] GUO X Y, GAO Y, LI H F, et al. Entropic force between two horizons of a charged Gauss-Bonnet black hole in de Sitter spacetime [J]. Physical Review D, 2020, 102(12): 124016.

[49] MA Y, ZHANG Y, ZHANG L, et al. Phase transition and entropic force of de Sitter black hole in massive gravity [J]. The European Physical Journal C, 2021, 81: 1-12.

[50] DINSMORE J, DRAPER P, KASTOR D, et al. Schottky anomaly of de Sitter black holes [J]. Classical and Quantum Gravity, 2020, 37(5): 054001.

[51] RUPPEINER G. Thermodynamic Critical Fluctuation Theory [J]. Physical Review Letters, 1983, 50(5): 287-290.

[52] RUPPEINER G. Riemannian geometry in thermodynamic fluctuation theory [J]. Reviews of Modern Physics, 1995, 67(3): 605-659.

[53] RUPPEINER G. Thermodynamic curvature and phase transitions in Kerr-Newman black holes [J]. Physical Review D, 2008, 78(2): 024016.

[54] RUPPEINER G. Thermodynamic curvature measures interactions [J]. American Journal of Physics, 2010, 78(11): 1170-1180.

[55] RUPPEINER G. Thermodynamic curvature: pure fluids to black holes [J]. Journal of Physics: Conference Series, 2013, 410(1):

12138-12144.

[56] ABBASVANDI N, AHMED W, CONG W, et al. Finely split phase transitions of rotating and accelerating black holes [J]. Physical Review D, 2019, 100(6): 064027.

[57] BANERJEE R, GHOSH S, ROYCHOWDHURY D. New type of phase transition in Reissner Nordström-AdS black hole and its thermodynamic geometry [J]. Physics Letters B, 2011, 696(1-2): 156-162.

[58] BANERJEE R, ROYCHOWDHURY D. Thermodynamics of phase transition in higher dimensional AdS black holes [J]. The Journal of High Energy Physics, 2011(11): 004.

[59] JACKLE J. Models of the glass transition [J]. Reports on Progress in Physics, 1986, 49(2): 171.

[60] ÖKCÜ Ö, AYDINER E. Joule-Thomson expansion of the charged AdS black holes [J]. The European Physical Journal C, 2017, 77: 1-7.

[61] ÖKCÜ Ö, AYDINER E. Joule-Thomson expansion of Kerr-AdS black holes [J]. The European Physical Journal C, 2018, 78: 1-6.

[62] GHAFFARNEJAD H, YARAIE E, FARSAM M. Quintessence Reissner Nordström anti de Sitter black holes and Joule Thomson effect [J]. International Journal of Theoretical Physics, 2018, 57: 1671-1682.

[63] RUPPEINER G. Application of Riemannian geometry to the thermodynamics of a simple fluctuating magnetic system [J]. Physical Review A, 1981, 24(1): 488.

[64] ZHANG J L, CAI R G, YU H. Phase transition and thermodynamical geometry of Reissner-Nordström-AdS black holes in extended phase space [J]. Physical Review D, 2015, 91(4): 044028.

[65] CHATURVEDI P, MONDAL S, SENGUPTA G. Thermodynamic geometry of black holes in the canonical ensemble [J]. Physical Review

D, 2018, 98(8): 086016.

[66] WEI S W, LIANG B, LIU Y X. Critical phenomena and chemical potential of a charged AdS black hole [J]. Physical Review D, 2017, 96(12): 124018.

[67] LI R, ZHANG K, WANG J. Kinetics and its turnover of Hawking-Page phase transition under the black hole evaporation [J]. Physical Review D, 2021, 104(8): 084060.

[68] ALI M S, GHOSH S G. Thermodynamics and phase transition of rotating regular-de Sitter black holes [J]. The European Physical Journal Plus, 2022, 137(4): 1-16.

[69] YAJIMA H, TAMAKI T. Black hole solutions in Euler-Heisenberg theory [J]. Physical Review D, 2001, 63(6): 064007.

[70] SCHWINGER J. On gauge invariance and vacuum polarization [J]. Physical Review, 1951, 82(5): 664.

[71] DE LORENCI V A, SOUZA M A. Electromagnetic wave propagation inside a material medium: an effective geometry interpretation [J]. Physics Letters B, 2001, 512(3-4): 417-422.

[72] DE LORENCI V A, KLIPPERT R. Analogue gravity from electrodynamics in nonlinear media [J]. Physical Review D, 2002, 65(6): 064027.

[73] NOVELLO M, BERGLIAFFA S P, SALIM J, et al. Analogue black holes in flowing dielectrics [J]. Classical and Quantum Gravity, 2003, 20(5): 859.

[74] NOVELLO M, BITTENCOURT E. Gordon metric revisited [J]. Physical Review D, 2012, 86(12): 124024.

[75] CAVAGLIA M, DAS S, MAARTENS R. Will we observe black holes at the LHC? [J]. Classical and Quantum Gravity, 2003, 20(15): L205.

[76] CAVAGLIA M, DAS S. How classical are TeV-scale black holes? [J]. Classical and Quantum Gravity, 2004, 21(19): 4511.

[77] HENDI S H, MOMENNIA M. Thermodynamic instability of topological black holes with nonlinear source [J]. The European Physical Journal C, 2015, 2, 75: 1-12.

[78] ZHANG Y, ZHANG L C, ZHAO R. Entropy of higher-dimensional topological dS black holes with nonlinear source [J]. Modern Physics Letters A, 2019, 34(31): 1950254.

[79] HENDI S H, NADERI R. Geometrothermodynamics of black holes in Lovelock gravity with a nonlinear electrodynamics [J]. Physical Review D, 2015, 91(2): 024007.

[80] HENDI S H, PANAHIYAN S, MOMENNIA M. Extended phase space of AdS Black Holes in Einstein-Gauss-Bonnet gravity with a quadratic nonlinear electrodynamics [J]. International Journal of Modern Physics D, 2016, 25: 1650063.

[81] EULER H, KOCKEL B. On the scattering of light by light in Dirac's theory [J]. Naturwissenschaften, 1935, 23: 15.

[82] CUESTA H J M, SALIM J M. Nonlinear electrodynamics and the surface redshift of pulsars [J]. The Astrophysical Journal, 2004, 608(2): 925.

[83] LI R, ZHANG K, WANG J. Thermal dynamic phase transition of Reissner-Nordström Anti-de Sitter black holes on free energy landscape [J]. The Journal of High Energy Physics, 2020, 10: 2020.

[84] LI R, WANG J. Thermodynamics and kinetics of Hawking-Page phase transition [J]. Physical Review D, 2020, 102(2): 024085.

[85] WEI S W, LIU Y X, WANG Y Q. Dynamic properties of thermodynamic phase transition for five-dimensional neutral

Gauss-Bonnet AdS black hole on free energy landscape [J]. Nuclear Physics B, 2022, 976: 115692.

[86] YANG S J, ZHOU R, WEI S W, et al. Kinetics of a phase transition for a Kerr-AdS black hole on the free-energy landscape [J]. Physical Review D, 2022, 105(8): 084030.

[87] KUMARA A N, PUNACHA S, HEGDE K, et al. Dynamics and kinetics of phase transition for regular AdS black holes in general relativity coupled to nonlinear electrodynamics [J]. International Journal of Modern Physics A, 2023, 38(29n30): 2350151.

[88] MO J X, LAN S Q. Dynamic phase transition of charged dilaton black holes [J]. Chinese Physics C, 2021, 45(10): 105106.

[89] DU Y Z, LI H F, ZHAO R. Overview of thermodynamical properties for Reissner-Nordström-de Sitter spacetime in induced phase space [J]. The European Physical Journal C, 2022, 82(9): 1-14.

[90] ZENG X X, LI L F. Van der Waals phase transition in the framework of holography [J]. Physics Letters B, 2017, 764: 100-108.